中学版

生态与环保的故事

敖 萌◎著

THE STORY OF ECOLOGY & ENVIRONMENTAL PROTECTION

江西人民出版社
Jiangxi People's Publishing House
全国百佳出版社

前言 PREFACE

近年来，空气污染、土壤污染、水污染等问题已严重影响我们的日常生活，生态文明建设与自然环境保护已成为政府和群众关注的焦点，在全世界范围内引起热议。中国政府和民间也积极参与到环境保护之中，各界人士群策群力。2019 年全国生态环境保护工作会议上，生态环境部部长李干杰强调，要进一步改善生态环境质量，协同推进经济高质量发展和生态环境高水平保护，以优异成绩庆祝新中国成立 70 周年。

在这一大背景下，作为未来社会的主人，青少年学习环保知识，参与环保活动的必要性不言而喻。因此，长期关注环保问题的敖萌，编著的这本《生态与环保的故事》（中学版）更具可读性。

本书以科学性、趣味性和互动性为指导思想，分为上、下两个部分：上编为“生态文明：全球总动员”，共 24 个故事，以“环保卫士小分队”的全球生态环保调研活动为主线，从小分队队员的视角来观察世界，学习各国各地在生态与环保方面的成功经验，这样不仅能让中学生开阔视野，增长知识，更能见贤思齐，择善而从；下编为“环境保护：我也能参与”，共24个故事，以中学生的日常生活为题材，从课堂学习到课外活动，可以让他们增强对生态与环保的理解，并努力践行这种理念。为了让本书生动有趣，在书稿编著过程中，作者尽量使用相对具体的场景，并加上轻松诙谐的对话，把自然科学知识变成贴近生活的小故事，并在每篇故事后附上“知识链接”，补充相关知识。

我们相信，通过本书的阅读，广大中学生读者能切实感受到生态文明建设和自然环境保护是如此真实、具体，可操作，也会期待参与其中。

2019年5月修订

目录 CONTENTS

上编 生态文明：全球总动员

下编 环境保护：我也能参与

上编

生态文明：全球总动员

世界那么大，我想去看看；

地球那么美，人类在行动……

亚利桑那州：“生物圈2号”失败之谜

“我们不会是到了外太空吧？”

“环保卫士小分队”的三位队员跟随高老师来到了他们生态调研的第一站——美国亚利桑那州图森市。原本欢欢喜喜地来，结果这个名叫沃罗克的小镇让小伙伴们大失所望。

这里不仅光照强烈，一片荒凉，而且眼前的白色建筑物更是奇怪，有的像小型的金字塔，又有的像少数民族的蒙古包。说起来，还真有点外太空的感觉。

“老师，您干吗带我们来这么个地方啊？”小分队中唯一的女生陈玉婷有些不乐意了。

“这里就是‘生物圈 2 号’。”高老师笑着对大家说。

“生物圈 2 号？”小伙伴们哑然失笑。

“对，我们都知道，地球是一个生物圈，后来大家想，假如有一天，我们赖以生存的地球气候恶化，我们不得不移民外太空，那人类是否还有能力再创造一个人工的生态系统让我们活下去？为了找到答案，美国人就开始做实验，他们尝试创造一个包括各种生态系统的封闭人工生态系统，也就是你们现在看到的这个地方。”

小伙伴们沉默了，内心既佩服，又怀疑。在好奇心的驱使下，大家还是四处走动，仔细观察，认真思考。

“这里面有好多植物已经死了！”陈玉婷走进一座建筑物，立即又捂着鼻子出来了。

听到动静，“闪电侠”柳飞扬和“调皮鬼”胡大头也赶过来，只见屋内有不少植物的根茎已经烂得几乎认不出，上面爬满了各种不知名的虫子，还不时散发出恶臭，空中还有蚊子苍蝇之类的东西在飞。

“哎呀，快走快走！”胡大头简直是被成群的蚊子给活活推出来的。

“这哪里是生物圈，明明是个垃圾场！”柳飞扬感觉额头上被叮了个包，痒得不行。

“还是个变态的垃圾场。”作为一名爱干净的女生，陈玉婷快崩溃了。

“一开始是个生物圈，后来成了垃圾场。”高老师一边给他们涂抹药水，一边说，“1991 年 9 月 26 日，4 男 4 女共 8 名科研人员首次进驻生物圈 2 号，他们带着各种动植物移居进来，并且建造了沙漠、雨林、农田、海洋、草地、楼房……”

“那不就是迷你版的地球？”柳飞扬抢着提问。

“是啊，要不然怎么叫生物圈 2 号？”高老师继续说，“这几位科学家希望在这里自给自足，可以获得足够的食物、水和空气，供他们8个人生活2年。”

“2年？”小伙伴又震惊了，“我感觉他们没法活着出去。”

“还好，他们待了21个月。一开始日子还算舒服，但没多久，这里的植物就失控了，二氧化碳浓度大增，甚至达到了正常值的8倍，氧气浓度降到14%……”

“这是什么概念？”陈玉婷迷惑不解。

“就相当于海拔5300米处的氧气浓度。”

陈玉婷大吃一惊，她经历过一次高原反应，心有余悸：“如果情况再恶劣一些，这些人就真的没法活着出来了。”

“这里的植物失控后，很快动物也乱套了。原本引进了25种脊椎动物，结果消失了19种，也有些节肢动物日子过得还不错的，比如蟑螂、蚂蚁……”

“啊——别说了别说了……”陈玉婷用尖叫打断了高老师的话。

胡大头和柳飞扬看着她惊慌失措的样子，倒是幸灾乐祸，故意吓唬她：“你看你看，有一只蚂蚁爬到你裤子上了……”陈玉婷赶紧胡乱拍打跺脚。

“好了好了，你们别闹。”高老师阻止了两个男生的恶作剧，“1994年，几位科学家又一次进入生物圈2号……”

“还来呀？”小伙伴们异口同声。

“你们有点科学探索精神好不好？你们没有，人家可有。不过呢，他们待了大半年，就再也待不住了。生物圈2号正式宣告失败。”

“唉……”小伙伴们都叹息，忍不住脑洞大开：一群科学家在这里种庄稼，却迟迟结不了籽，没有吃的，他们只能到处挖红薯吃，还要时时应对蚂蚁和蟑螂。当他们需要氧气时，呼吸到的却是高浓度的二氧化碳，除了足够的阳光之外，其他资源都异常匮乏……

“在已知的科学技术条件下，人类目前没有能力模拟出一个可供人类生存的生态系统。一旦离开了地球，我们就难以生存。保护好我们的‘生物圈 1 号’，才是人类最好的选择。”胡大头若有所思地总结道。高老师在旁边微笑不语地看着 3 个学生。

知识链接

“生物圈 2 号”是由美国前橄榄球运动员约翰·艾伦发起，并与几家财团联手出资，委托空间生物圈风险投资公司承建的，历时 8 年，耗资 1.5 亿美元。生物圈 2 号失败的重要原因是氧气未能顺利循环。由于细菌在分解土壤中大量有机质的过程中，耗费了大量的氧气；而细菌所释放出的二氧化碳与生物圈 2 号的混凝土墙中的钙发生化学反应生成碳酸钙，使氧元素不能通过光合作用再次变成氧气进入生物圈循环，致使氧气含量下降，不足以维持研究者的生命。此外，降雨失控、多数动物灭绝、为植物传播花粉的昆虫全部死亡、黑蚂蚁爬满建筑物等，也是生物圈 2 号失败的原因。

圣何塞：绿色公寓的人文关怀

“济旭家庭公寓，我还是第一次听说呢。”在美国圣何塞市中心，高老师带领小伙伴们参观新型家庭公寓，小伙伴们却有些摸不着头脑。

“等你们参观过了，就知道它的好处了。”高老师神秘一笑。

小伙伴们东张西望，只见公寓的西侧道路上建有城市轻轨，另外三面均为商业、酒店与学校等服务设施，乍一看，好像和普通公寓没什么区别，可是，既然高老师卖了关子，小伙伴们还是跟着一探究竟。

走近一看，小伙伴们才发现，这栋建筑物共有 4 层楼，用的都是双层墙、双层玻璃窗，而且墙上还插入了 6 片斜面。“这不会是李寻欢飞来的飞刀吧？”胡大头说话又没个正经。

“就知道瞎说，这是人家建筑设计师的绝妙之笔。这些斜面可以让这栋建筑区别于周边大体量的公共性建筑。斜面中还穿插了透光性吸音板，不仅隔绝了西侧轻轨线带来的噪音污染，也保证了西侧住户的充分采光。”

“哦，原来如此。”小伙伴们恍然大悟。“这个青灰色的外墙装饰板也挺好看，跟透光板还有后面的阳台组合起来，光影丰富，清新活泼，又不失地方特色。”陈玉婷的审美眼光超级棒。

“不光是美，而且实用。”高老师补充道，“这样的墙不仅有利于通风采光，而且还能调节室内温度。室内还有节水龙头、洁具、独立电表、高效的供暖、通风系统等。据计算，相比传统住宅，这栋公寓可以节约 36% 的用水和 21% 的能源消耗。”

“看来这还是一栋绿色公寓呀。”小伙伴们不禁竖起大拇指。

“如果我说，这栋公寓的原址是一座加油站，你们会不会惊讶？”高老师笑着问。

“啊？”小伙伴们果然惊讶了，“加油站污染那么重，能住人吗？”

“这里以前确实是个工业废地，所以使用了特殊的土壤清理措施，而且地面停车也取消了，这样就有效地减少了雨水冲刷地面可能造成的地下水污染。”

小伙伴们这才放心，胡大头却想到了一个新的问题：“住这栋公寓一定要花很多钱吧？”

“你想多了，这是圣何塞专门为中低收入阶层提供的公寓，相当于我们国内的保障性住房。”

“保障性住房条件还能这么好？”小伙伴们又被刷新了三观。

“对呀，你看，这里除了 35 套住房，还包括地下车库、公共洗衣房和社区学校等公共服务设施，以及建筑物底层的 1 家便利店与 1 个美发沙龙……”

小伙伴们不相信，里里外外上上下下“巡视”了一圈，果然，应有尽有呢。“这生活条件也太优越了。”小伙伴都有些羡慕了。

“还不止这些。”高老师继续补充，“考虑到低收入人群的一些实际情况，比如没有私家车，需要社区帮助，以及健康情况较差等等，开发商安排了一系列的针对性措施，包括：为所有居住者提供了免费公交卡和社区学校；将 35% 的居住单元按照无障碍标准设计并预留给有身心障碍的居住者；所有的建材甚至黏结剂都达到低挥发性无毒的环保标准；还是全加州第一家在所有室内环境中实施禁烟措施……”

“啊——我也要住这里！”“我也住！”“还有我！”小伙伴们纷纷举手。

“你们这群家伙……”高老师无奈地摇头，“跟你们说这些，不是要你们羡慕嫉妒恨，而是希望你们明白，所谓的生态和环保，并不是纯粹为了环境和资源，更重要的是要体现对人的关怀，让人健康、安心、舒适，这才是环保的本意和初衷。”

知识链接

圣何塞济旭家庭公寓应用了光伏电板、呼吸窗等高科技生态建筑技术，但是，使它成为绿色建筑的绝不仅是这些高科技，而是对可持续材料的选择、对水资源的充分利用，乃至对朝向和通风等低技术的应用，这些都可以帮助一座普通的住宅建筑完成到绿色建筑的蜕变。尽管不必投入过多资金和技术，但开发商在建造绿色建筑的同时，会不可避免地增加成本。美国的保障性住房都在一定程度上得到了政府的资金支持。

DNA也能做“硬盘”

“刚才，我去档案馆查询资料，管理员居然告诉我，几十年前的资料因为年代久远，有些都找不到了。”陈玉婷一脸沮丧地说道。

“没事没事，这也不能怪管理员，谁叫那时候科技不发达，没有DNA硬盘呢。”胡大头安慰她。

“DNA硬盘？”陈玉婷撇撇嘴，“又是你瞎编的吧？”

“真不骗你。”胡大头认真地说，“根据专家研究，一些不常用却又必须要保存的信息，像政府文件、历史档案之类的，尤其适合用DNA存储，而且保存时间可能长达几千年。”

“那你说说，DNA硬盘到底是什么东西？”

胡大头清了清嗓子，开始“授课”：“首先，DNA你是知道的，对吧？它由4种脱氧核苷酸组成，组成核苷酸的千种碱基，按照特定顺序排列，组成遗传信息，指导生物体生长发育。”

“嗯，这我知道。”陈玉婷点点头。

“DNA 存储数据的关键是含氮碱基。研究人员开发的 DNA 数字存储系统同样利用这 4 个碱基‘字母’，开发定制代码，完全区别于生物体所用‘语言’。DNA 硬盘就是一项用人工合成的 DNA 存储文件的技术。”

“听上去有点复杂……”

“其实不复杂。比如我们现在复制一份计算机文件，DNA 硬盘首先会把信息中的二进制数翻译成定制代码，然后借助标准 DNA 合成机器制造出相应的碱基序列。这一序列是多个重复片段，每一个片段携带一些索引细节，明确各自在整体序列中所处位置。然后，专门的‘生物体 DNA 读卡器’就能读取信息，呈现在电脑屏幕上。”

“这靠谱吗？”陈玉婷还是半信半疑。

“这可是有实验的。美国 Agilent 公司的工作人员说，他们从网上下载了一些文件，让一家生物技术公司在实验室中使用 DNA 分子技术，把这些数据整合到成千上万的 DNA 片段中，最终的结果看起来就像粒小小的灰尘。然后 Agilent 公司将样品横跨大西洋邮寄到欧洲生物信息研究所（EBI），那边的研究员将样品浸泡在水中稀释，并采用标准的测序机器去解读其中的代码，结果发现能够完全恢复这些文件，准确率达到 100%。”

“这么神奇？那一个 DNA 硬盘能有多大的存储空间？”

“说出来你可别不信。1 克 DNA 还不到指尖上一滴水珠大小，却能够储存 700TB 的数据，相当于 1.4 万张 50GB 容量的蓝光光盘，或 233 个 3TB 的硬盘。”

“天哪，我现在用 500GB 的移动硬盘都觉得够大了呢，没想到和小小的DNA硬盘的容量相比，只是沧海一粟。”

“是的，DNA硬盘的优点就在于体积小、密度大、稳定性强。因为储存空间紧缺，网站的资料备份通常只会保存几星期或者几个月。但是，只要DNA存储技术成熟了，我们就可以把全人类的信息资料都存储起来，几百公斤的DNA就能够胜任这个‘全人类’的工作。”

“那DNA硬盘的保养和维护肯定很麻烦吧？”

“不需要经常维护啊，相比于其他需要低温、真空保存的存储介质，DNA可以在不苛刻的条件下保存上百年甚至几千年。即便某些片段遭损毁，数据也不会丢失。这又是它和硬盘、光盘等存储介质不同的地方。就读取方式而言，DNA存储也不涉及兼容问题。”

“太好了，有了DNA硬盘，我们就不需要那么笨重的存储介质，可以节约很多材料和能源。”

知识链接

鉴于实验室合成DNA分子的成本，现阶段用它来存储信息简直是“惊人的昂贵”。据估计，目前用DNA进行数据编码的成本为12400美元/MB，读回原数据还要再加220美元/MB。按现时的技术，排列DNA和阅读DNA需要一两周时间，因此，这种技术并不适合各项需要实时读取数据的工作。但是按照现时的趋势看，排列DNA成本在十年内将下降20%，使50年内的DNA储存在经济上变得颇为可行。如果DNA合成的费用如预期在未来十年内下降两个数量级，那么DNA数据存储的成本不久就会低于磁带存储。

温哥华：市政府门口也有小菜园

“我们这是在哪里啊？”陈玉婷迷茫地问。

胡大头和柳飞扬都无语了：“你坐飞机坐傻了吧？加拿大的温哥华啊。”

“我知道是温哥华，我是问，我们在哪条路上，怎么这里有这么多菜地？”

“我只知道这里是温哥华57号大街。”胡大头到哪儿都能认路，“至于这些菜地，我就不知道了。”

“我去找人问问。”英语高手柳飞扬扭头跑向一对路过的夫妻，叽里咕噜说了一通。胡大头和陈玉婷也跟着过来。

“这位叔叔说：这里原本就有几片狭长的土地，2008年，这里被开辟为社区菜园，供市民在这里种菜种花。现在，整个温哥华有两千多个这样的社区菜园。”柳飞扬做起了兼职翻译。

“两千多个？那这项工作是政府组织的吗？”胡大头的英语虽然

没那么好，但也敢于提问。

“不完全是政府，实施这项工作的主体是市民，准确地说，是市民、民间组织和政府一起合作的。”温哥华叔叔笑着说，“当然，政府做了很多有力的推广工作。比如在一个名叫纳马依默的社区，当地政策就把社区菜园和社会福利结合在一起，允许一些没有自己住房的租房客申请当地的社区菜园。因为社区曾做过调查，大部分租房客都希望有个菜园，所以政府听从民意，实施了这一计划。”

“这个政策很人性化啊。”小伙伴们又点赞了。

“还有比这更给力的呢。”温哥华叔叔继续介绍，“2009 年，我们当时的市长宣布，把市政府门前的一块草坪用于建设社区菜园。”

“市政府大门口种菜？”小伙伴们面面相觑。

“是啊，不信你们可以去我们市政府门口看看。现在，我们温哥华政府官网上都把市政府门前的菜园设立为标志，鼓励社区菜园建设。”温哥华叔叔的夫人也开口了。

“我们去看看吧！”小伙伴们立即达成共识，向这对夫妻道了谢，便往市政府方向奔去。

“可是我还没明白，种菜和环保有什么关系呢？”陈玉婷依然迷糊。

“当然有关系了。你看，自己种菜，肯定不会打农药，对吧？这样既安全卫生，又不会让农药污染土壤。而且，自己家门口就种了这么多菜，那么就不用经常去超市买菜了，这样一来，蔬菜从农田到城市的运输频率也就减少了，也就意味着开车的频率减少，这样就间接降低了二氧化碳的排放量。”柳飞扬一口气说了这么多，终于给陈玉婷说明白了。

“我觉得还有一点，市民自己种了这么多菜，如果吃不完，还可以送到敬老院去，让老人也能吃上新鲜菜。”胡大头补充了一句。

“哎哟，看不出来，你还挺有爱心的嘛！”小伙伴们又互相打趣了。

“哎呀，别闹了，你们看！”胡大头向前一指，小伙伴们一齐望去，原来是个花坛，里面还插着绿色的牌子。

“这有什么稀奇？一路上都看到好几个这样的花坛了。”柳飞扬不以为然。

“不是，我之前也看到了几个花坛，不过都是插着黄色的牌子，而这个牌子是绿色的。”陈玉婷发话了。

“也可能是人家插着玩的呢？”柳飞扬还是无所谓的样子。

“如果是插着玩的，怎么可能每个花坛里都有，大小还都一样？”胡大头抓住了柳飞扬的破绽，开始“抬杠”了。

“好吧，那我再找人问问。”“翻译官”柳飞扬再次出马。这回遇到一位年轻妈妈带着女儿。

“这叫街心花坛，是我们温哥华市政府在住宅街区设立的，可以美化环境，而且看到这样的花坛，过往车辆就知道这是住宅区，就会降低车速。”年轻妈妈向小伙伴介绍了花坛的作用。

“啊？原来我们走到人家居民区啦。”陈玉婷吐了吐舌头。

年轻妈妈接着回答了柳飞扬的提问：“每个花坛里都会有个黄牌子或者绿牌子，这是政府树立的。黄牌子表示这个花坛已经被人资助和打理；绿牌子则表示花坛还没人照顾，市民可申请照顾这个花坛，成为‘花坛园丁’。”

“那么，‘花坛园丁’的工作很复杂吗？”胡大头问。

“‘花坛园丁’只要负责除草、浇水之类的简单工作。城市园林设计师会免费为每个花坛提供一套独特的设计方案，所以，你们看，每个花坛的造型都不一样呢。”

小伙伴们点点头，这些花坛要么是心形，要么是个圆弧，要么是个动物状，要么说不出是什么名堂，却都特别漂亮有趣。

“那这些植物的播种、施肥的费用，需要市民来出吗？”胡大头最关心钱的问题。

“政府会出钱的，每年春天和秋天还会免费给花坛施肥。”年轻妈妈笑着说。

“这么好，我都想留在温哥华，申请做园丁了。”陈玉婷蠢蠢欲动。

“哈哈，非常欢迎。每年秋天，我们市政府都会邀请所有的‘花坛园丁’参加聚会，共同庆祝和表彰他们对这项城市美化计划做出的贡献。”

“可惜我们还要回国上学呢，不过，以后有机会我们还会来温哥华看看这些花草。”

小伙伴们辞别了年轻妈妈，继续向市政府前行。一路上，小伙伴们说说笑笑，在路人的帮助下，找到了目的地。

“呀，还真有菜园呢！”这些菜园里种的全是绿叶蔬菜，长得还挺高，小伙伴们高兴极了，“这些菜园，还有刚才看到的街心花园，让温哥华更具有活力了，也让环保工作落实到了每个市民的生活当中。”

知识链接

作为加拿大西岸最大的港口城市，经过200多年的沉淀，温哥华在清洁能源、生物技术、数码娱乐、高等教育等方面成绩颇丰，多次获得“世界最宜居城市”称号。温哥华推行的“2020年全面建设成为全球最绿之都”的行动规划，不久前获得“广州国际城市创新奖”，这向世人证明了“一个城市可以发展、繁荣，同时也可以成为绿色之都”。

墨西哥：美洲帝王蝶的“冬宫”

“高老师，我们都从美国到了加拿大，为什么又折回墨西哥啊？”这个问题陈玉婷已经憋了好久，终于忍不住问了出来。

高老师笑着说：“原本按计划，是不打算来墨西哥的。不过，世界八大自然奇观中，墨西哥占了一处，机会难得，如果不带你们来看看，太可惜了。”

“哦……”陈玉婷点点头。

倒是胡大头不以为然：“八大奇观干吗非要看墨西哥的？我们看其他七处也行啊。”

“这你就不懂了，在世界八大自然奇观中，有七处是地理奇观，另外一处为我们展示的却是大自然的生命奇观。这可不能不看。”

“生命奇观？墨西哥？”

“去了你就知道。”高老师变得有些神秘了。

小伙伴们跟着高老师，经过几个小时的车程，才来到米却肯州中部一片海拔约 3200 米的丛林山区。结果，在山脚下，大家却被告知，旅游景区已经全部封闭，不得进入。

“那我们不是白来一趟？！”陈玉婷累得快哭了，听到这个消息，差点一屁股坐到地上。

“哎呀，疏忽了，现在是夏天，蝴蝶都飞走了……”高老师自责不已。

“没事，刚才我看见附近有小商贩在卖蝴蝶纪念品，既然已经来了，待会儿我们就去逛逛吧，顺便找当地人聊聊天，也不算毫无收获。”柳飞扬还是非常乐观的，一边安慰高老师和同伴，一边拿出零食，分给大家吃。

大家点点头，原地休息。好在这里幽静安宁，空气清新，倒也能让人提神。

“这次来得真不是时候，如果是冬天来就好了……”高老师依然满怀愧疚。

“冬天是怎样的景象呢？”柳飞扬问。

“每年的11月初至来年的3月，这里都栖息着数以亿计的美洲帝王蝶。”说着，高老师回忆起了几年前她在这里看到的蝴蝶奇观。

“以亿计？”小伙伴们都不相信自己的耳朵。

“对啊，整个山林里，处处都是帝王蝶。”

“帝王蝶和我们平常看到的蝴蝶有什么不一样吗？”胡大头一边往嘴里塞饼干，一边问。

“帝王蝶的翅膀是橙黑两色的，原产于北美洲地区，是世界上唯一具有迁徙习性的蝴蝶。”

“蝴蝶还迁徙？”胡大头觉得有趣，以前他只听说过候鸟迁徙。

高老师解释说：“帝王蝶喜欢温和的气候，每年秋天，数以亿计的帝王蝶向南飞行5000多千米，历时两个月，来到这里过冬。来年3月，北美的乳汁草逐渐茂盛，帝王蝶以乳汁草为食，所以又一路向北飞回原地。”

“真的假的？就这么小小一只蝴蝶，能连续飞两个多月，横跨 5000 多千米？”胡大头不相信。

“我也觉得不现实，不是说‘蝴蝶飞不过沧海’吗？何况 11 月，那得多冷啊，估计路上都要被冻死。”柳飞扬也表示难以置信。

“对，你们说得没错，但是生命的伟大就在这里，我慢慢跟你们说。”

原来，帝王蝶迁徙的过程异常悲壮。没有一只帝王蝶能够参与漫长迁徙的全过程。要完成“墨西哥—北美—墨西哥”这样一个迁徙历程，事实上会耗费整整 4 代帝王蝶的生命：

第一代帝王蝶会在墨西哥蝴蝶谷中“冬眠”，使自己的生命周期长达 8 个多月。等到春天来临的时候，北美的乳汁草逐渐复苏，帝王蝶开始飞离墨西哥，向北进发。它们每天飞行约 130 千米，去寻找乳汁草作为食物。这种有毒的植物不但不会伤害帝王蝶的幼虫，还能阻止它们被其他动物捕食。在北上的旅途中，雌性帝王蝶在乳汁草中产卵，产卵区域可以延绵 1600 多千米。到 3 月末，大部分告别墨西哥的帝王蝶都能到达美国的得克萨斯州。

此时，第一代帝王蝶已经筋疲力尽，走到了生命的尽头。但是，只需 12 天，迅速孵化出来的第二代帝王蝶就会破蛹而出，继续飞越海湾，来到佛罗里达州。可惜，这些在路上的“蝶二代”只有 6 个星期的生命，它们从 5 月开始持续北迁前往加拿大。途中，它们会诞下“蝶三代”和“蝶四代”。这些在八九月份密集诞生的“蝶四代”出生不久便要一路向南，飞回祖先过冬的墨西哥，这样才能躲避北美的严寒……

“您是说，飞出去的是第一代，飞回来的却是第四代？”胡大头张大嘴巴，再三确认，得到高老师肯定的回答。

“那第一代帝王蝶为什么要选择在墨西哥冬眠呢？”陈玉婷休息了片刻，精神也好多了。

高老师答：“因为这里是山谷，冬天非常寒冷，寒冷的环境有利于减少新陈代谢，延长寿命。”

“可是，历经四代，飞越5000多千米，它们居然没有迷路？”胡大头不依不饶地追问。

“这确实是个谜，至今都没有科学的解释，但这些后代的确都奇迹般地找到了自己曾祖父曾经居住的那棵树。大概这就是生命的奇迹吧。”高老师感叹道。

“不可思议，太不可思议了！”小伙伴们除了佩服，还是佩服。

“所以说，这里是帝王蝶在制造生命奇迹之前的栖息地。每年那么多人来看蝴蝶，并不只是因为它们美、壮观，更多的是向生命致敬。”高老师说着，眼睛都湿润了。

“高老师，我终于明白您为什么要带我们来这里了，即便没看到蝴蝶也没关系。”陈玉婷为自己刚才的失礼而愧疚，其他小伙伴也纷纷点头。

“没看到蝴蝶，我们可以买个标本啊！”柳飞扬不愧为“闪电侠”，不仅脑子快，腿脚也快，话音未落，就见他奔向旁边的小商店。

可是，还不到一分钟，柳飞扬又折了回来，大叫：“这里居然不卖标本！”

高老师和胡大头、陈玉婷都起身迎上去。

“唉，刚想跟你说，你就跑没影儿了，这里确实不卖标本，只卖一些印着蝴蝶照片的明信片和T恤。”高老师笑着摇头。

“连标本都不卖，真不会做生意！”柳飞扬有些失望。

“做生意也得合法呀。”高老师解释，“墨西哥政府颁布法规，严禁捕捉蝴蝶，即便是已经死了的蝴蝶，也不能带出保护区或者制作成标本。”

“管得这么细？”小伙伴们又一阵感叹。

“那当然，要是人人都捉蝴蝶，蝴蝶还敢来这里过冬吗？世界奇观还会有吗？”

“有道理，所以该管的还是得管！”胡大头立即表示支持。

“不仅要管，还得大家自觉。”陈玉婷补充了一句，顺便瞟了一眼柳飞扬。

“好吧好吧，我错了，我觉悟不够！”柳飞扬连连认错，“那我就去买一叠明信片吧。”说着，又转身跑向商店。

“老师，我们冬天再来看蝴蝶吧，真想亲眼看看上亿只帝王蝶飞回来是什么样子……”陈玉婷心驰神往。

不等高老师回答，胡大头立即插嘴：“当然要来看，就我们三个人来，不带柳飞扬！”

“哈哈哈，就你心眼最坏！”

知识链接

在保护帝王蝶这一自然奇观方面，墨西哥政府做出了诸多努力。2006 年 7 月，墨西哥联合美国和加拿大，加大保护力度，三国野生动植物保护部门达成了一项共同保护美洲帝王蝶的协议，并建立了“美加墨三国帝王蝶保护网”。根据协议，由三国 13 个部门组成系统，其保护工作贯穿蝴蝶谷、迁徙途经区域和越冬栖息地。此外，政府还有偿雇用当地人组成巡逻队，制止砍伐森林的行为。墨西哥政府做出的巨大努力得到了环境保护者的一致称赞。然而保护帝王蝶的工作依旧任重道远，墨西哥、美国和加拿大三国政府仍旧需要努力配合，争取“让后人都能够欣赏到这个高贵生物创造的生命奇观”。

“临海而建的城市”：链链循环生态美

“大海啊，你全是水！”站在滨水新城哈马碧的海边，胡大头即兴“吟诗一首”，表达自己的喜悦之情。

“唉，在这么美的海滨城市，你就不能收敛一下你的逗比气质？”柳飞扬实在看不下去了，给胡大头泼冷水。

“就因为美，我才特别感慨嘛。”胡大头撇撇嘴，“你们不知道吧，哈马碧在瑞典语中的意思就是‘临海而建的城市’，而且你们看，这里的水特别干净。”

的确，哈马碧的海清澈无比，倒映着岸上的绿树和高楼，再加上清新的海风不时吹来，实在让人有说不出的惬意。

“那你知道哈马碧的水为什么会这么干净吗？”陈玉婷发问了。

“这个……”胡大头被问住了。

“因为哈马碧采用的是降水收集网络与污水管网分离的系统。”高老师走过来，回答了陈玉婷的问题，“降水收集就是对来自屋顶或花园的雨水和融化的雪水进行直接处理，哈马碧许多建筑的房顶上种有绿色植物，这种绿色屋顶的作用是蓄积雨水，延缓雨水下流，使它们蒸发，同时这也是一种美化城市景观的绿色装饰。”

“房顶上还有植物？在哪儿？我怎么没看到？”胡大头踮起脚伸出头，又向上蹦了蹦，还是没看到房顶。

“说了你就是个逗比！”柳飞扬又一次嫌弃胡大头，“旁边的建筑这么远这么高，你怎么看得到？我早上在酒店房间里朝外看，还确实看到了不少居民楼上种了花草，回去指给你看。”

“切，谁要你指？我自己看。”这俩活宝就爱互掐。

“绿色景观和雨水收集相结合，这办法果然好！”陈玉婷懒得听他们胡说八道，继续讨论环境问题，“那污水排放又是怎样的呢？”

“很多降水会流入马路地沟中，就变成了污水，这些污水会被导入两个封闭的蓄水池中，通过自然沉淀后，再导入运河或海中。”

“那这样一来，干净的雨水留在屋顶浇灌植物，污水则被蓄水池净化处理了，所以海水会这么干净，没受到污染。”陈玉婷总结道。

“主意是很好，可是，这只是处理降水，我们喝的水干不干净，谁知道？再说，平时的生活污水如果乱排乱倒，也一样会有污染啊。”胡大头又“挑刺儿”了。

“问得好，我正要说这个呢。”高老师对学生的“刁难”倒是十分欢迎，“哈马碧建成了自己的水处理实验厂，可以随时监控水质情况，尽可能降低水中的污染物。胡大头说的生活污水也可以在这里处理。污水经过处理后，会产生很多淤泥，这些淤泥中的一部分固态物可以回收，成为土地肥料，另一部分物体经腐烂发酵后，可产生沼气，既可以为当地的公交汽车提供燃料，也可以为大约1000个家用燃气灶提供燃料。”

“嗯，我听说了，哈马碧人的环保行为是‘从洗手间到厨房’，也就是说，从洗手间排出的废水，经过处理，就能产生沼气，可以用到厨房烧火做饭。”柳飞扬补充道。

“原来‘供水排水循环链’还可以顺便解决能源问题啊。”胡大头这下心服口服。

“其实，不只是‘供水排水循环链’，哈马碧的能源也能成一条循环链。在哈马碧生态城修建完成后，当地居民生产所需要能源的50%都可由自己解决。比如，冬天供暖可采用我们刚才说的生物燃料，还可以采用当地的可燃烧垃圾，净化排水时产生的热量可以回收，太阳能转化成的热量也可以用来烧水；夏天制冷也有办法，净化的排水在由热交换泵冷却之后，会产生‘余冷’，可以冷却降温网中循环的水。还有，建筑物外墙的太阳能电池还能够解决室内公共空间的用电……”

“哎呀，感觉哈马碧什么都回收，什么都不浪费啊。”陈玉婷目瞪口呆。

“你还真说对了。”高老师笑了，“在哈马碧，连垃圾都是宝。你们相信吗？我们现在站的地方，曾是一处非法的小型工业区和港口，有许多搭建的临时建筑，垃圾遍地，污水横流。”

“怎么可能？！”陈玉婷眼睛瞪得更大了，眼前分明是碧波荡漾，绿树成荫，高矮建筑错落有致的好地方，来往居民也个个心旷神怡啊。

还是柳飞扬反应快：“是不是因为后来哈马碧又建立了一条‘垃圾循环链’，才有了现在的好环境？”

“对。在哈马碧，废物不再是垃圾，而是一种可以利用的资源。哈马碧的垃圾抽吸系统非常有特色，可处理不同废物。每个小区中均设有分类垃圾投掷点，垃圾投掷点通过地下管道，可以和一个中央收集站联结。垃圾被投掷后，通过真空抽吸，被输送到中央收集站内，再通过控制系统输送到大的集装箱中。这样，大型垃圾车可以不进入小区就取走垃圾，也省去了人工收集垃圾的过程。这样一来，有机垃圾可以转化成田间肥料，可燃烧垃圾则可以成为当地热电厂的燃料，就像我刚才说的冬天供暖可以用到。”

“这种垃圾自动抽吸分类，靠谱吗？”胡大头半信半疑。

“呵，你别不信，这种方法可以让生活垃圾的再利用率达到95%呢。”

“这么牛，那我们国家也可以学习这种方法吗？”胡大头见贤思齐。

“哈马碧生态城的实现，得益于瑞典的经济水平、科研实力以及人口规模等等，如果生搬硬套，未必能成功。不过，哈马碧的确为现代城市的开发建设提供了很大启发，尤其是它的节能环保理念值得学习和借鉴。”

知识链接

哈马碧位于瑞典首都斯德哥尔摩城区东南部，20世纪90年代起，为争取2004年奥运会的主办权，斯德哥尔摩市政府开始对这个地区进行改造，并将其规划成为未来的奥运村。虽然最后申奥未能成功，但可持续的生态规划最终得到了实施。在瑞典学者和企业提出“生态城市”的概念之后，“供水排水循环链”“能源循环链”和“垃圾循环链”共同成就了哈马碧生态城。

“世界绿都”：找不到一寸裸露的泥土

“大头，你一路低着头东瞧西看，看什么呢？”来到波兰首都华沙的第一天，陈玉婷就发现胡大头不对劲。

“我在找裸露的泥土啊。”胡大头的回答莫名其妙。

“切，你找裸露的美女都不会找得这么认真。”柳飞扬一张嘴就不饶人。

“你懂什么呀，华沙自称是‘找不到一寸裸露的泥土’的绿色之城，我偏不信，一定要找出一片荒山野岭来。”

“唉，对你无语，你还是死心吧。”陈玉婷无奈地摇头，“华沙的绿都之名可不是吹的。”

说完，陈玉婷拿出 iPad，打开一个文件，指给胡大头看。原来，华沙现有 65 座公园和众多绿化地带，绿地面积达 12600 公顷，人均绿地面积达 77.7 平方米，是世界各国首都当中人均绿化面积较大的城市之一，城郊还有 6 万多公顷的森林和防护林带。华沙的法律规定，任何一个新建单位必须有 50% 以上的面积作为绿化用地，而且绿化必须和建房同时完工。

“这都是从网上抄的，不可信，眼见为实。”胡大头振振有词。

“那你眼前看到的是什么？”陈玉婷反问。

胡大头不说话了，的确，所有马路两旁都是绿树成荫，到处是绿色的草坪，住宅周围花草繁茂，芬芳扑鼻，这一路上，他还真没找到“裸露的泥土”。

“你们看，前面还有果园！”陈玉婷最擅长发现“新大陆”。

小伙伴们立即跑过去，定睛一看，还真是果园，紫色的葡萄，红色的西红柿，青红相间的苹果……

“得，在温哥华看到菜园，在华沙看到果园，欧美人民真会玩。”胡大头笑了，“不仅会玩，而且会吃，在哪儿都种吃的。”

正说着，碰巧果园的主人——一位和蔼的大叔走过来，笑着用英语和小伙伴们打招呼，小伙伴们一开始还有些害羞，后来在柳飞扬的“模范带头作用”下，居然欢乐地和大叔聊起了天。

小伙伴们纷纷表示，在城市里看到果园还是很惊奇的，大叔却笑着说：“在华沙，这是一大特色，城市绿化与果菜园是相结合的，现有果菜园 2700 公顷，约占全市总面积的 6%。而且，果菜园里还建了棚室，专向城市居民出租。”说完，大叔带着小伙伴们进了果园，顺手摘了几个瓜果给大家品尝。小伙伴个个吃得眉开眼笑。

“大叔您真好，我觉得华沙环境美，人更美！”有了好吃的，胡大头嘴就变得格外甜。

“哈哈，环境美那可是真的。”大叔高兴极了，“华沙最大的特点就是拥有完整的绿化体系，整个城市的绿化设计既有个性，又有系统性，城市中的绿地能和菜园、果园连在一起，树林、公园和郊外的防护林带又能衔接在一起，想不美都难。”

“那华沙是自古以来就这么绿这么美吗？”小伙伴们禁不住好奇。

“那倒不是，华沙是一座具有700年历史的古城，自16世纪末成为首都，曾是欧洲一大都市，很可惜，在第二次世界大战中，华沙遭到了严重的破坏，85%的建筑都被毁了，几乎变成一座‘死城’。”

“不会吧？”小伙伴都不敢相信，“那后来……”

“后来，二战结束了，政府决定在原址上重建城市，并且制定了法规，限制城市工业发展，要求沿着原有的交通路线建造住宅区，扩大绿地面积，其中包括建立一条南北向穿过市区的绿化走廊，扩展维斯杜拉河沿岸的绿色走廊。不到一年，华沙人口就恢复到47万人，重建了历史性建筑——华沙古城，并使它有机地纳入现代大城市的布局之中。后来，又经过几十年的努力，才有了华沙的现在。”

“华沙人民真了不起！”小伙伴们纷纷点赞。

“哈哈，谢谢你们。”

吃饱喝足后，小伙伴们告别了热情善良的大叔，来到了市区内最繁华的广场。

“你们看，到处都是花草。”

只见广场上摆满了用水泥槽式的花盆栽种的花草，街道两旁还设有活动花盆车，车上摆放着五颜六色的鲜花。附近每栋居民楼的屋顶和阳台上也摆满了花。远远望去，就像一座空中大花园。

“唉，真想摘朵花。”一向乖巧的陈玉婷居然动起了只有胡大头才会动的歪脑筋。

“亏你好意思，你看人家小朋友都不摘花！”柳飞扬指着不远处一群四五岁的小孩子给陈玉婷做榜样。

“我只是说说而已嘛。”陈玉婷嘟囔了一句，“不过我发现，尽管华沙处处是花草树木，却看不到‘请勿摘花’‘禁止践踏草坪’之类牌子，看来，这里的大人小孩都已养成了爱护花草的习惯。”

“是啊，最好的生态环境，就是人与自然和谐共处。”胡大头终于说了一句正经话。

知识链接

与许多世界名城一样，波兰首都华沙也有河流穿城而过，但它不以水闻名，而是以绿色饮誉世界。华沙城市规划布局，是通过对远景发展的方向性探讨而确定的，规划的原则是：限制增加职工；控制城市人口增长速度；合理使用城市基础设施，扩大城市服务功能，提高服务标准；进一步完善华沙市区和地区内城市组群之间的联系；严格保护环境资源；在森林地、低洼地和肥沃的农业生产地段不设置居住区；扩大绿地系统使城市具有良好的生态环境等。经过几十年的建设，一座工业发达、科学技术先进，既实用又满城翠绿的现代化都市已告建成。

“童话之城”：环保也能“嗨”起来

“快看，美人鱼！”丹麦首都哥本哈根的海滩边，陈玉婷像发现新大陆一样兴奋地大叫。这是她第一次跟随“环保卫士小分队”参加夏令营活动，来到世界著名的“童话之城”，见到了传说中的美人鱼雕像，难怪她这么激动。

“别光顾着看美人鱼，我们都去租辆自行车吧。”带队的高老师笑着说。

“租自行车？”不仅陈玉婷，其他小伙伴也愣住了。

“对呀，你们没发现这里的人都是骑自行车吗？”

小伙伴们这才想起来，在哥本哈根城内，自行车道比汽车道更加繁忙。

高老师解释道：“明天早高峰时段，我带你们到市中心去看一看，每天大约有 36000 辆自行车经过，每天有将近 50% 的哥本哈根人骑自行车去上班或上学。”

“那骑自行车是不是更方便闯红灯？”“调皮鬼”胡大头果真是专业调皮十五年。

“哈哈，这你可问得好。”高老师笑了，“在哥本哈根，所有交通红绿灯变化的频率都是按照自行车的平均速度设置的，如果你匀速骑车，基本可以一路畅行，不为红灯所卡，你想闯红灯都没机会；相反，如果你开车，总会被一个又一个红灯拦着，而且市政府将许多汽车停车场改为自行车停车场，所以汽车停车场特别少，收费又贵，这样一来，大家都更愿意骑自行车。”

“那还等什么，我们赶紧去租啊！”柳飞扬撒腿就跑出去找附近的自行车停车点。

“什么？可以免费？”咨询过当地的老奶奶后，柳飞扬傻眼了。

“是的，在我们市中心，有 100 个自行车停车点。只要在停车点付 20 丹麦克朗作为押金，就可以租车一天。这可是一项政府资助的项目呢。”老奶奶耐心地解释道。

“不错，哥本哈根在节能减排方面早已走在世界前列。这种环保意识已经成为这个城市公共政策的基础，并且渗透到哥本哈根居民的日常生活方式中。”紧随而来的高老师补充道。

小伙伴们听了，惊叹不已：“真不愧是欧洲最时尚的环保城市！”

顺利租车后，小伙伴们跟随高老师一路骑行，别提多拉风了。忽然，陈玉婷又大叫起来：“有风车！”

小伙伴们顺着她所指的方向望去，果然，几个通体白色的现代风车正在呼呼转动。

“哥本哈根大力推行风能和生物能发电，这里有世界上最大的海上风力发电厂，电力供应大部分依靠‘零碳模式’。”高老师又“科普”了一番。

“那屋顶上的绿色的东西是植物吗？”陈玉婷又有新发现，可惜她是个近视眼，看不清。

“对啊，这就是绿色屋顶。我们在哈马碧见到过的！”胡大头赶紧抢答，自从上次在哈马碧被柳飞扬“呛”了之后，他一直耿耿于怀。

“对，这种绿色屋顶在欧美国家非常常见，这样不但能吸收更多的降水，减轻下水道和水处理系统的负担，而且夏天还能使室内更加凉爽，都不用开空调了。”柳飞扬这才找到机会接话。

高老师赞许地点点头：“飞扬说得不错。夏天室内凉快，不开空调，电厂的负担就减轻了，而且减少了二氧化碳的排放量。还有，哥本哈根还是世界上第一个推行强制性‘绿色屋顶’法规的城市。”

高老师还没说完，胡大头就插嘴了：“前面是商业街，我们去买点东西吧。”说着，猛蹬了几下自行车，一下子窜到前面。高老师和其他小伙伴纷纷跟上。

到了商业街，大家停车锁好，边走边看。“你们看，很多商品上都挂了一个标签，上面画着一朵绿色的小花，你们知道这是什么标志吗？”高老师神秘地问。

“嗯，我看到了。这小花是绿色，中间有写着字母‘E’，我猜应该是和环保有关。”柳飞扬反应真快。

“说对了，这个标志叫‘生态标签’。除了食品、饮料、药品及医疗器械之外的所有日常消费产品，都可以申请生态标签。不过，生态标签体系的审查可是相当严格的。”

“贴了生态标签，就意味着这个商品是环保的，对吗？”

“对。欧盟建立生态标签体系的初衷，就是希望选出各类产品中在生态保护领域的佼佼者，予以肯定和鼓励，从而逐渐推动欧盟各类消费品的生产厂家进一步提高生态保护的意识，使产品从设计、生产、销售到使用，直至最后处理的整个生命周期内都不会对生态环境带来危害。”说完高老师又问：“你们也许没有听过可持续购物吧？”

几位小伙伴纷纷摇头。

“但在哥本哈根，可持续购物已经成为常态。哥本哈根的许多商店都会出售贴有生态标签的商品，你看，这里就有用自然材料制成的风格独特的服装，还有用环保材料做成的有机床垫……”

“哇，还真是耶。你们看，这边还有毛巾、清洁剂，都贴了生态标签！”“这里的笔记本电脑也贴了！”“还有冰箱、彩电……”小伙伴们不断有新发现。

高老师说：“大家买几件生态商品留作纪念吧，然后我们去吃点东西，让大家尝尝当地的有机食品。”

“哇，食品也是有机的。是不是哥本哈根的衣食住行都离不开环保啊？”陈玉婷忍不住感慨。

“是的，这就是哥本哈根做得最出色的地方——它不仅有环保意识，并且还把环保意识转变为生活乐趣，让大家在生活的方方面面都能‘嗨’起来！”

知识链接

著名的联合国气候大会，使得哥本哈根成为全球关注的生态之都。哥本哈根承诺，要在2025年建成全球首个“零碳排放”城市。哥本哈根在谱写绿色零碳童话过程中，绿色科技和绿色经济也得到迅速发展。

高效太阳能电池：来自光合作用的灵感

“我们都知道，植物会进行光合作用。光合作用包括两个主要步骤：一是光反应，二是暗反应。光反应又分为两个步骤：原初反应，将光能转化成电能，分解水并释放氧气；电子传递和光合磷酸化，将电能转化为活跃的化学能……”

“哎呀，您说的这些我们都懂，生物课上都学过了。”胡大头实在忍不住，打断了高老师，“您不是要给我们讲电池吗？怎么改讲光合作用了？”

“你们啊，还没学会跨专业跨学科思考问题，其实很多科学创意就来自于不同学科领域的碰撞融合。”高老师看着胡大头，无奈地摇摇头，“我要跟你们讲的太阳能电池，就是从光合作用得到的启示。”

“啊？老师您快讲讲！”胡大头这下来了精神，其他小伙伴也洗耳恭听。

“刚才我说了，光合作用是将光能转化为电能，然后将电能转化为活跃的化学能，最终将其转化为稳定的化学能。正是这个过程，为利用光合作用发电提供了基础。”

“哦，对，因为光合作用的第一步就是把光能转化成电能，而且效率还比较高！”柳飞扬一如既往反应迅速。

“是的，不仅效率高，而且在转化的过程中只是消耗水，对环境没有丝毫的污染，所以，在自然能源日益匮乏，环境污染严重的今天，利用光合作用解决人类的能源需求问题，已经成为科学家研究的热点问题。”

“所以就有了太阳能电池！”

“对，麻省理工学院的科学家们借鉴光合作用，发明了一种能自我修护的太阳能电池。同时，这种电池可以把光像分子一样紧紧聚齐在一起，产生双倍于普通电池存储的电量。”

为了帮助小伙伴理解，高老师拿出了一组半导体装置，给大家讲解。原来，太阳能电池是一个半导体光电二极管，通过光生伏特效应，把太阳光能直接转化为电能。当太阳光照在半导体 p–n 结上，形成新的空穴电子对，在 p–n 结电场的作用下，空穴由 n 区流向 p 区，电子由 p 区流向 n 区，接通电路后就形成电流。这就是光电效应太阳能电池的工作原理。

“这个有前途！你看，用太阳能做电池，又持久耐用，又干净清洁。”柳飞扬赞不绝口。

“确实是这样，只要太阳存在，太阳能电池就可以一次投资而长期使用，这就比普通电池的寿命长得多；跟火电、核电相比，太阳能电池又不会引起环境污染。”陈玉婷更具体地总结了太阳能电池的优点。

“你们还漏了一点：太阳能电池还具有灵活性。”高老师补充道，“太阳能电池可以大中小并举，小到只供一户用的太阳能电池组，大到百万千瓦的中型电站，当许多个电池串联或并联起来就可以成为具有较大的输出功率的太阳能电池方阵。这是其他电源无法比拟的。”

“可是，根据我的直觉，现在要普及太阳能电池，成本还是太高。”胡大头永远记得考虑成本。

“你啊，就会精打细算。”高老师又打趣胡大头，“目前，这种太阳能电池确实不能和我们广泛使用的硅元素太阳能电池相媲美，但硅元素太阳能电池需要经过几十年的研究和发展才能提高发电效率，而相同的投资如果投放在这项新式太阳能电池上，不仅在短时间内会完成高效的发电，而且在低光条件下都可工作。”

“这么说来，钱不是问题，问题是把钱用在什么地方，对吧？”胡大头“翻译”得很直接。

“是的，据纳米复合材料的专家说，太阳能电池是将大自然的‘工作原理’人工化，这是科学界的一项开创性研究，当然值得我们投入资金和精力去创造更大的价值。”高老师如是说。

知识链接

目前，全球太阳能电池市场竞争激烈，欧洲和日本领先的格局已被打破。尽管太阳能电池主要的销售市场在欧洲，但它的生产重镇已经转移到亚洲。2012年，全球太阳能电池产量达到37.4GW，同比增长6.3%。在世界光伏市场的强力拉动下，中国太阳能电池制造业通过引进、消化、吸收和再创新，获得了长足的发展。2012年2月24日，工业和信息化部发布了《太阳能光伏产业“十二五”发展规划》，以促进太阳能产业可持续发展。

德国"3升房"：比空调房更靠谱

"3 升房？这么小的房子怎么住人？"来到德国后，高老师提议带领大家去参观德国的"3 升房"，小伙伴们都疑惑了。

"这个 3 升，说的不是房子的体积，而是指房屋每平方米每年消耗的取暖燃料不超过 3 升，大概相当于 4.5 千克的煤。"

"那 3 升燃料算多还是算少？"胡大头问。

"这么说吧，很长时间以来，德国旧式公寓每年每平方米居住面积要用 20 多升燃料供暖，德国将近 1/3 的基础能源产品要被住宅供暖消耗掉。政府部门为巨大的能源消耗头痛不已，而住户们也抱怨供暖费用实在太高。"

"那现在从 20 多升一下子缩减到 3 升，德国人民不得冻死？"胡大头无不担忧。

"所以我说要带你们去参观啊，看看德国到底用了什么办法，让老百姓既暖和舒服，又节省了这么多燃料。”高老师又玩神秘了。小伙伴们顿时有了好奇心，赶紧跟着高老师来到了一栋“以旧换新”的老建筑前。

“这栋房子已经有差不多70年历史了，后来被世界最大的化学公司——巴斯夫改造过，就变成了现在的样子。”

柳飞扬东瞧瞧西看看，联想起圣何塞的济旭家庭公寓，慢条斯理地说：“我估计墙的材料比较特殊。”

“嗯，猜对了。为了达到‘3升房’的目标，巴斯夫在这栋房子的屋面、外墙、地下室顶板等部位都采用了Neopor高性能保温板材。”

“Neopor是什么？”小伙伴们疑惑不解。

“Neopor是一种以聚苯乙烯为基本材料的新型隔热保温材料，这种材料为银灰色，其中含有细微的红外线吸收体。”

胡大头伸手摸了摸：“手感倒是不错，只是，这材料厚实不？”

“与传统的聚苯板材相比，Neopor可以减少20%的厚度，却能得到同样的保温隔热效果。由于Neopor制成的板材更薄更轻，原材料的使用量可减少50%，大大节约了费用和资源。”

“既然外墙这么有‘逼格’，那内墙肯定也有些来头吧？”柳飞扬再次推理。

“这正是我要说的，你们可以进来看看。”高老师说着，带着大家进了门，“为了提高保温隔热效果，巴斯夫又独创了一项储能隔热砂浆技术，这种技术具有‘空调系统’的作用。只要把这种砂浆抹在房间的内墙表面，就可以使室内温度平均保持在22摄氏度，湿度保持在40%～60%之间。”

“那不跟装了空调似的？”陈玉婷惊喜地叫起来。

“对啊，这种隔热砂浆的蓄热作用就相当于室内空气调节系统，和空调的效果一样，冬暖夏凉，舒适宜人，还比空调省电省钱。”

小伙伴们来回走动了几圈，虽然现在是夏天，却也能明显感觉到室内比室外凉爽得多。

“看来要想调节室内温度，墙的材料是关键啊。”陈玉婷有感而发。

“不光是墙，我觉得窗子也很关键。”柳飞扬若有所思。

“你今天还真是福尔摩斯附体啊。”高老师高兴地夸奖了柳飞扬，“这是巴斯夫生产的三玻塑框窗，窗框中充填聚氨酯内芯，提高了保温隔热性能。”

“不开空调，室内确实能保暖，但空气质量会很糟糕啊。”胡大头总是很有质疑精神。

“你说得好。为了保持室内空气新鲜，这栋房子采用了可回收热量的通风系统。你们到屋顶阁楼上来看。”高老师带着大家上楼，指着一个弯弯曲曲的管道仪器，说：“这是个热回收装置，新鲜空气通过顶部管路输入，与排除的热空气换热后进入室内各个房间。这种新风系统是可调式的，确保每一时间都有新风送入，室内的空气也可通过管道系统，经过热回收装置后排出。冬季采暖时，85%的热量都可回收利用。”

“啊，原来屋顶上还有玄机。”小伙伴们恍然大悟。

“玄机还不止这一个，还有太阳能电池板呢。”

“就是您上次给我们讲的太阳能电池吗？”柳飞扬第一个想起前不久学的知识。

“是的，屋顶上这几个太阳能电池组合起来，吸收太阳光，就可以发电，电能随之进入市政电网，由发电所得的收入来填补建筑取暖所需费用；屋侧墙壁上也有悬挂的太阳能电池板，可以服务于日常家居生活，比如烧洗澡用的热水。”

小伙伴们一边直呼神奇，一边意犹未尽：“还有什么特别之处吗？”

“还有燃料电池，它相当于一个小型动力站，提供部分采暖能源。它先把天然气转换为富氢可燃气体，再在燃料电池炉中燃烧，剩余的天然气可在催化剂的作用下充分燃烧。因此，这种方法比传统供热系统的污染物排放量更少。”

“难怪只用3升燃料，原来用了这么多先进技术！”

“现在都不到3升了呢。”高老师继续介绍“3升房”的后续故事，“房子建成后，巴斯夫进行了长达3年的全面数据测量，得出这样的结论：在2001年到2004年之间，平均原油供热消耗仅2.6升，比预期的3升还少了0.4升。”

“太棒了，这样的化学公司简直是业界良心啊。”

“是的，改造这样一栋老房子，既有商业利益的考虑，更有对自然资源合理利用的责任感。”

知识链接

巴斯夫的成功实践开始在世界传播。在亚洲诸多国家，巴斯夫的“3升房”示范项目都获得了极大的成功。巴斯夫在上海虹口地区与中国原建设部、上海市有关部门合作实施的“3升房”示范项目，经过测试，节能达到71%。巴斯夫的成功也吸引了北京、重庆、南京、沈阳等中国众多城市，这些城市加快了与巴斯夫在建筑节能方面的合作。

德国鲁尔区：破烂工厂变身旅游景点

“原来这就是鲁尔区啊。”站在德国鲁尔区高高的瞭望塔上，胡大头回忆道，“我记得地理课本里提到过鲁尔区，课本把它写进‘传统工业区’，还特别把它列入衰退的工业区行列。”

“鲁尔区工业发展已有200多年的历史，被称为‘德国工业引擎’。这得益于19世纪上半叶开始的大规模煤矿开采和钢铁生产，鲁尔区成为世界上最著名的重工业区。”高老师介绍道。

“煤矿开采、钢铁生产，这两个产业的发展都容易破坏环境啊。”陈玉婷担忧地说。

“不仅破坏环境，而且进入20世纪中期，由于廉价石油的竞争，鲁尔区传统的采煤和钢铁工业开始走向衰落，逆工业化趋势越来越明显，鲁尔区沦为德国西部问题最多、失业率最高的地区。”

“得，环境弄糟了，经济也不行了。”胡大头撇撇嘴。

“可是，我们现在看到的鲁尔还不错啊。”

柳飞扬这句话提醒了大家，高老师和“环保卫士小分队”的队员们静静欣赏眼前的一切：虽然煤矿井架、烟囱和高炉仍然是鲁尔区最为典型的城市景观，但这些昔日的“钢铁巨人”都深深地掩映在大片静谧的绿色海洋之中。

“奇怪，鲁尔区环境和经济都搞砸了，肯定都是破败的工厂、恶臭的垃圾，那又是怎么‘起死回生’的呢？”胡大头开始思考了。

“要搞清楚这个问题，我们还是去鲁尔区里走一走吧。”高老师带着队员们走下瞭望台，来到了城区中心，然后像变魔术似的，给每人发了一份宣传册。

“工业遗产旅游之路。”胡大头把宣传册上的英文翻译成汉语，念了出来，“这是什么东西？”

“你不是说鲁尔只剩下破工厂和臭垃圾吗？人家这是变废为宝呢。”高老师笑着解释。

“您是说，鲁尔区的破工厂和臭垃圾还成了工业遗产，还搞成了旅游项目？”“闪电侠”柳飞扬依然反应迅速。

“对啊，就地取材嘛。在西方，遗产旅游是一个非常普遍的说法，它的含义与我国的历史文化和文物古迹的旅游观光差不多。所以没什么值得大惊小怪的。”

“哦，明白了。”小伙伴们恍然大悟，“工业遗产旅游，还真难为德国人想得出来。”

“其实，工业遗产旅游这个概念的形成和被接受，在德国也经历了多年，这个过程大致分成 4 个阶段：刚开始是否定和排斥，那时候，大家主要就是清除旧工厂；后来开始迷茫，虽然人们对新建设充满希望，又的确有些废弃工地经过清理后重新发展了新的产业，但仍然有大量的工业废弃地等待处理，原有的办法并不能填满和置换所有的工业废弃地，而彻底清除工业废弃地成本又太高，甚至还需要特别的技术方案；接着，人们进入谨慎尝试阶段，在别无他法的情况下，开始把一些尚未清除的旧厂房和工业废弃设施利用起来，开辟为休闲娱乐场所或发掘其他用途，工业废弃地的再度开发，特别是旅游开发得到了谨慎、零星和初步的发展；最后，经过各方努力，终于形成了战略化方案，'工业遗产旅游之路'的策划出炉，使鲁尔区的工业遗产旅游走向了一个区域性的旅游目的地的战略开发。"

"真不容易，经过了这么长时间的纠结，总算在最后一刻意识到了旅游开发的价值和用途。"小伙伴们由衷为鲁尔区人民庆幸。

高老师点头："是啊，从废弃的空置厂房到工业专题博物馆，再到今天的工业遗产旅游景点，鲁尔区的这个探索过程长达 10 多年，但结果证明他们是明智的。你看他们现在这个工业遗产旅游已经做得很专业了，连宣传册都做得这么精致。"

"是啊是啊……"大家这才顾得上翻阅手里的宣传册，"你们看，这里写了，鲁尔区包含 19 个工业遗产旅游景点、6 个国家级工业技术和社会史博物馆、12 个典型的工业聚落以及 9 个利用废弃的工业设施改造而成的瞭望塔……"

"瞭望塔？我们刚才去的那个瞭望塔就是废弃设备改造的吗？"柳飞扬惊奇地问。

"是啊，你这才回过神啊。"高老师又笑了。

“哇，我到现在都没回过神……”陈玉婷都跟不上节奏了，“太神奇了，根本看不出来这些东西以前都是‘废物’。”

“现在可不是‘废物’了，它们已经被整合起来，成了一条著名的区域性工业遗产旅游线路，有统一的旅游视觉识别符号、统一的旅游宣传册，还有专门的网站。不管是旅游线路的设计，还是景点的规划与组合，还是市场的营销与推广，鲁尔区都有明确的综合治理规划。”

“几十年前，鲁尔区还是一幅浓烟滚滚的污染景象，现在变废为宝，重新规划后，红的红绿的绿，而且发展旅游，又环保，又赚钱，多好。”胡大头虽然说话没正经，倒也总能说到点子上。

“别老想着赚钱了，大家快来旅游吧。这里可算得上是一部煤矿、炼焦工业发展的‘教科书’呢！”

说着，高老师带着小伙伴们开开心心地踏上了工业遗产旅游之路。

知识链接

鲁尔区工业遗产旅游采用的是区域一体化开发模式，统一旅游线路，这条“工业文化之路”带领人们游历鲁尔区悠久的工业发展历史。在鲁尔区经济转型的各项对策中，工业遗产旅游在物化地区历史发展进程、彰显工业文化特质、塑造独特地区形象等方面发挥了不可替代的作用。2010年，鲁尔区被欧盟选为“欧洲文化首都”，实现了从没落工业区向现代文化都市的华丽转身。今天的鲁尔区已经成为由巨大的绿色公园网络和丰富的文化、医疗及其他现代设施网络联系起来的城市聚集体。

伦敦：雾都的救赎

“原来这就是‘雾都’伦敦啊，也没见有多大的雾呀。”一下飞机，看到伦敦的蓝天白云，胡大头顿感惊艳，此前，他对“雾都”的印象可是根深蒂固的。

“我也喜欢雾，前不久我还读了英国作家狄更斯的名著《雾都孤儿》，还一直幻想‘雾都’肯定很美吧……”陈玉婷也搭腔。

“如果只是雾，当然美，可如果是霾呢？”柳飞扬依然保持理性的思考。

“霾？”陈玉婷愣了，“雾和霾到底有什么区别？”

一旁的高老师开口了：“我来给大家讲讲吧。雾和霾有很大区别：水分含量超过90%的叫雾，水分含量低于80%的叫霾。80% ~90%之间的，是雾和霾的混合物，但主要成分是霾。另外，霾和雾还有一些肉眼看得见的差别：雾的厚度只有几十米至200米，霾则有1~3千米。”

“还有，雾的边界很清晰，只要过了‘雾区’可能就是晴空万里，但是霾和晴空区之间没有明显的边界。有一次，我爸带我去北京，正好碰上雾霾，我们开车走了好久好久，哪里都是黄灰色的，根本走不出来。”柳飞扬补充道。

“这个‘黄灰色’确实很形象，说明你注意观察了。”高老师给柳飞扬点赞，“这也是雾和霾的不同，雾大多是乳白色、青白色，霾则多是黄色、橙灰色。”

“那柳飞扬说在雾霾中走了好久都没出来，是不是意味着霾不仅比雾更厚，而且还特别难散开？”陈玉婷若有所思。

高老师点点头：“对，霾通常比雾持续的时间更长。雾一般在午夜至清晨出现，太阳一出现，很快就会蒸发消散，而霾的日变化特征不明显，持续几天都是有可能的。”

“其实，我觉得雾和霾最直观的区别就是口感不一样，吸一口雾，不会觉得怎么样，但吸一口霾……”柳飞扬说着，五官都拧巴了，可见对吸霾心有余悸。

“可是，我们讨论了半天的雾和霾，这跟伦敦有什么关系？”胡大头纳闷了，“莫非，伦敦不该叫‘雾都’，而应该叫‘霾都’？”

“你还真说对了。雾只是一种自然现象，算不得污染；而霾可是严重的大气污染。1952年，伦敦就发生过一次烟雾事件，都闹出人命了。”

“啊？！”小伙伴们震惊了，安静地听高老师缓缓叙述。

原来，1952年12月初，英国首都伦敦举办了一场牛展览会，令人意想不到的是，参展的牛陆续出现异常情况：350头牛有52头严重中毒，14头奄奄一息，1头当场死亡。不久，伦敦市民也出现了各种意外：许多人感到呼吸困难、眼睛刺痛，表现出哮喘、咳嗽等呼吸道疾病症状的病人明显增多，进而死亡率陡增。据史料记载，从12月5日到12月8日的4天里，伦敦市死亡人数达4000人。12月9日之后的两个月内，又有近8000人因为烟雾事件而死于呼吸系统疾病。

高老师说完，大家半天回不过神来，脑子里全是这样的画面：牛展会上，几十头牛陆续倒地，惊恐的人们还没反应过来怎么回事，就发现自己已经喘不过气来，咳得满脸通红。医院里，来求医的病人络绎不绝，这边的病人还在排队，那边就传来有人去世的消息，整个城市都沉浸在灰蒙蒙的死亡阴影之中……

“为什么会闹得这么严重？”胡大头又惊又气。

“当时伦敦冬季多使用燃煤取暖，市区内还分布有许多以煤为主要能源的火力发电站。燃煤产生的粉尘表面吸附了大量水分，在城市上空蓄积，引发了连续好几天的大雾天气。”

“那也不至于让人呼吸困难、眼睛刺痛吧？”陈玉婷依然迷茫不解。

高老师摆摆手，继续说：“事情不止这么简单。燃煤粉尘中含有三氧化二铁和二氧化硫。三氧化二铁有催化作用，可以促使二氧化硫氧化，生成三氧化硫，再和粉尘表面的水化合生成硫酸雾滴……”

“硫酸？会让人毁容的！”陈玉婷尖叫起来。

“对，硫酸的威力大家都知道。就是这些硫酸雾滴，被伦敦人民吸入呼吸系统，所以产生了强烈的刺激作用，体质弱的人当场就发病，甚至死亡。”

“可是，现在的伦敦看起来也不可怕啊。”胡大头已经跟着大伙儿走出了机场，看到天朗气清，周围绿树环绕。

“那是因为伦敦人醒悟过来，开始治理环境了，为此伦敦还出台了一系列法规。”高老师说，“起初，伦敦治污的法案和措施主要是针对燃煤的控制。后来，汽车数量开始爆炸性增长，伦敦人民又开始控制汽车尾气排放，又鼓励大家骑自行车或者购买新能源汽车。”

小伙伴们连连点头，又问：“那种这些树也是为了保护环境吧？”

“是的，扩建绿地也是治理大气污染的重要手段。伦敦虽然人口稠密，但人均绿化面积高达24平方米。等下我带你们去伦敦市中心看看，那里虽然寸土寸金，但仍旧保留着伦敦最大的皇家庭院海德公园。”

“太棒了！”小伙伴们这才心情好转起来。

“你们现在吸口气试试，伦敦的空气还是不错的。”高老师笑着提议。

“嗯——口感不错！”胡大头来了个深呼吸，一副非常享受的样子，引得大家都笑了。

“19世纪末期，伦敦每年有90天左右都是灰蒙蒙的，现在减少到每年不到10天，只有偶尔在冬季或初春的早晨，才能看到一层薄薄的白雾。”

“看来，‘雾都’已经名不副实了，不过，这才是伦敦的万幸啊。”

知识链接

据史料记载，伦敦最早的有毒烟雾事件可以追溯到1837年2月，那次事件造成至少200名伦敦市民死亡。而在1952年之后，伦敦又多次发生了烟雾事件。“雾都伦敦”由此而得名。在付出了血的惨痛教训之后，英国人从此觉醒，走上了法律治理大气污染的救赎之路。1956年，英国政府颁布了《清洁空气法案》，此后的几十年间，又限制汽车数量，并要求所有在英国出售的新车都加装催化器，减少氮氧化物污染，同时提高大排量汽车的进城费，还大力推广零排放燃料电池公交车……在一系列铁腕政策的施行下，伦敦才逐渐走出滚滚毒雾。

特卡波：世界上第一个“星空自然保护区”

“我曾经到过一个地方，到现在还无法忘记，我想带着我的爱人到那里去。在那里，有时你会感觉自己和月光、湖水融为一体，成为无比广阔和伟大自然的一部分。住在那里最好不过了，你会感到伸手就可以摘下天上的星星。”

这是20世纪30年代美国一部电影中的一段台词。陈玉婷自从在姑姑的推荐下看了电影后，便对主人公“曾经到过的地方”都心驰神往。这次，借着“环保卫士小分队”全球生态调研活动的机会，她决定和小伙伴一起，去寻找这个如童话世界一般的胜地。

可是，如此浪漫的想法，小伙伴们并不买账：“这只是电影虚构的，你还当真了？”但一向迷糊的陈玉婷这次却没有让步，小伙伴们拗不过她，只好跟着她来到了新西兰的一个秀气小镇——特卡波。

“你们知道吗？特卡波拥有全世界最美的星空。”一路上，陈玉婷都沉浸在自己的幻想中。

“什么特卡波，这名字好奇怪！”胡大头依然提不起精神。

“这个名字来源于毛利语，意思是‘晚上的草席’，还有另外一种翻译是‘星空下睡觉的地方’。正好今天是晴天，你们晚上可以感受一下。”

很快，夜幕降临，小伙伴们站在室外，仰望特卡波的星空，都惊讶得说不出话来——银河在夜空流淌，大团星座静谧而璀璨，天空就像一条星光灿烂的毯子。

“你没说错，这真是我见过的最美的星空。”沉默许久，柳飞扬才说出这么一句。

特卡波之所以成为最佳观星地并非没有科学根据。它位处高地，属于温带海洋性气候，每年的降水量在575毫米左右，全年气候稳定，可以说是全新西兰晴天日子最多、降雨量最少、空气质量最好的地方，因而也拥有全球最好的星空。

“这样的美景并不只是因为天时地利，更离不开人和。”陈玉婷从浩瀚的星海中醒过来，思维开始变得理性，“为了使头顶的这片星空保持纯净，特卡波镇居民从1981年起便开展了一项保护黑暗的运动，对景区周围30公里区域内的公共和私人灯光进行了限制。当夜幕降临时，世界上所有的城市都在用五彩缤纷的灯光装点繁华，特卡波镇的居民则用低耗能的钠灯黄色光替代了白色光，而且灯只向下照。”

“这么严格？那非居住区可以随意点吧？”胡大头问。

“非居住区更是尽量避免使用灯光。比如路灯的设计就经过了严格的科学计算，以至于光束都能够准确地照射到需要照明的地方，而不向四周漫射。另外，除了观景中心地带，所有纪念碑或建筑物外表的照明都严加控制。等到午夜之后，所有的观景灯和广告灯都必须关闭。”

“那整个小镇不都漆黑一片？”两位男生无法想象。

“不会漆黑呀，不是还有星星么？”陈玉婷笑着说，“这些措施确实让特卡波小镇处于黑暗之中，但特卡波的居民却无比自豪，他们说：‘是黑暗点亮了我们每一个人的心灵，通过大家的齐心协力，我们享受到了美丽而充足的星光。’”

“好吧，这个决心够大的。”柳飞扬真心佩服。

“不过说真的，星光确实比路灯美得多！”胡大头还挺懂审美。

“就是因为路灯太多，光污染越来越严重，星空才成了全人类的稀缺资源。现在，想找一片纯净而璀璨的星空实在太难得了。”陈玉婷一席话，说得柳、胡连连点头。

“你们知道吗？为了呼吁大家重视并保护清澈的星空，特卡波小镇于 2005 年向联合国教科文组织提出申请，建立星空自然保护区。”陈玉婷神秘兮兮地说。

“那建成了吗？”两位男生都开始好奇了。

“那当然。联合国教科文组织考虑到光污染给人类健康和生态环境带来的负面影响，决定变更‘世界遗产’的界定，于城市、建筑、艺术、文化范围之外，新辟了一项自然遗产，并且通过了特卡波小镇的申请，特卡波也正式成为世界上第一个‘星空自然保护区’。”

“太好了，以后这里的星空会一直这么美！下次再拍星空的电影，都可以来这里取景了。”胡大头开心极了。

“星空自然保护区的建立可不是为了拍电影，而是为了保护，更是为了引导和呼吁。”陈玉婷正色道，“我们要减少光污染，还夜空一片静谧，才能让星空一直美下去。”

“对对对，这次多亏玉婷带我们来特卡波，我才相信原来真有这样的星空。我决定，以后每个晚上也要节约用电，多看星星少开灯。”胡大头主动表决心。

“对，我也是。”柳飞扬也跟着表态。

知识链接

特卡波小镇位于新西兰南岛南阿尔卑斯山东麓，是著名的旅游胜地。小镇的特卡波湖是大洋洲最大的淡水湖，出产优质的鲑鱼，是垂钓和水上运动的好地方。每年从秋天开始，白雪皑皑的山麓就会吸引世界上众多滑雪爱好者前来。小镇北面是碧绿的湖水，对岸就是雄伟的南阿尔卑斯山，凭借全球最干净壮观的星空成为联合国公布的世界首个“星空自然保护区”。

咸海：舍弃“黑色黄金”，才能拯救环境

从美洲到欧洲再到大洋洲，“环保卫士小分队”的队员们已经完成了一半的旅行，一路上，他们增长了见识，启迪了思维，学到不少生态环保方面的妙招，别提多开心了。当然，更开心的是，他们要返回亚洲啦。

“快看，我们到了中亚！”柳飞扬欢呼起来。

陈玉婷和胡大头看向窗外，棉花糖般的白云映入眼帘。

“糊弄谁呢，就这还看得到中亚？”胡大头又开始“找碴儿”了。

柳飞扬一本正经：“真的是中亚，就是亚欧大陆的腹心地带，等下你们就能看到辽阔的土地……”

“去去去，谁信你胡说八道。”胡大头懒得搭理他，扭头去找高老师聊天，“老师心情这么好，还听音乐！”

“是啊，也给你们听听。”高老师说着，把音乐声音调大了一些，重新播放。只听见乐曲一开始由小提琴在高音区轻轻地奏出空八度的持续泛音，显现出无比寂静空旷之意，接着，长笛和双簧管优雅地奏出平和的曲调……

“有点像俄罗斯民歌的旋律啊。”陈玉婷也凑过来听。

“你很懂音乐嘛。”高老师惊喜地说道，“这是19世纪俄国作曲家鲍罗丁的交响乐《在中亚细亚草原上》，描述的就是广袤无垠的中亚草原风光……”

“中亚？”胡大头一愣。

“是啊，我们快到哈萨克斯坦了。古代的丝绸之路你们都知道吧，其中有一条路线就经过这里，这首曲子同样赞美了古代丝绸之路的雄壮大气……”

高老师接下来说了什么，胡大头完全没听进去，一转头，看见柳飞扬得意地向他挑眉毛，一副“欠打”的模样。

“那我们会去看丝绸之路吗？”陈玉婷无视“两个男人的战争”，只关心接下来的调研任务。

“到时候你就知道了。”高老师回答，之后他们继续谈笑。

没过多久，他们便到达了目的地。高老师带领小伙伴们下了飞机，直奔哈萨克斯坦的边境。

“这是一堆小水沟吗？”陈玉婷望着眼前东一滩、西一滩的浅水湾，有些疑惑不解。

“这叫咸海。咸海这边是哈萨克斯坦，那边就是乌兹别克斯坦。”高老师伸手指向对面。

“怎么会有这么小的海？”陈玉婷还是接受不了这样的事实，她环顾四周，旁边倒是有几个破败的码头，都延伸进沙漠里，孤零零的船只搁浅在岸边，偶尔有骆驼走过，却更显得荒凉。

“我也觉得，一点也不像我印象中的海，我都怀疑是我的打开方式不对。”胡大头总能在该严肃的时候胡言乱语。

“咸海虽然名字叫‘海’，但实际是个内陆湖。它曾经是世界上最大的内陆湖之一，但是，由于大量的河水用于农业灌溉，到 20 世纪后半叶，咸海开始急剧萎缩。到 21 世纪初，咸海萎缩的进程还在继续。”高老师耐心地解释道。

“是不是因为水位下降，咸海就萎缩成现在这样零零散散的几个小水潭？”柳飞扬迅速提问。

高老师无奈地点点头：“以前湖里还有好些鱼类，现在都快灭绝了。”

“不就是灌溉农田，至于把一个湖的水都倒空吗？”胡大头既气愤又怀疑。

“当然不至于。你想想，中亚地区几个国家有什么共同点？”高老师提示大家。

大家说了几个答案，高老师都摇头。

“石油！”还是柳飞扬反应最快。

“对，中亚遍地都是有色金属和被誉为‘黑色黄金’的石油。由于基础工业薄弱，石油无法一下子大量开采，所以全国加紧开发石油开采业和化工业，在经济建设上确实取得了一些成效。”

“怪不得，我以前看过一本书，说中亚的土库曼斯坦，别的物价都贵，就石油便宜。每到赶集日，全国各地的小商人都坐飞机到首都赶集。因为机票便宜，从国内最远的地方飞到首都，折合人民币也只要 20 元。这样一来，他们做生意可方便了。”柳飞扬慢慢找到了一些逻辑联系。

“是这样，可是，在石油生意中发财的同时，肆意开采、粗制滥造的恶果也让中亚人民吃尽了苦头。据估计，中亚仅采矿、冶金企业就产生了多达 250 亿吨的废弃物。不仅如此，开采有色金属和石油还耗水量巨大……”

“所以咸海才没水！”三名小伙伴异口同声。

高老师点点头。iPad 里，交响乐《在中亚细亚草原上》一直单曲循环：圆号移调重复，弦乐器拨动琴弦，仿佛古代中国商队的马蹄声，大提琴伴奏、英国管演奏的曲调悠扬迷人，颇有东方神韵，好像每个音符，都在讲述中亚草原曾经的辽阔、诗意与光荣。

而现在，草原不见了，草原环抱的湖水也即将消失……

“咸海拥有 550 万年的历史，等到 2020 年，有可能就会完全消失。”

“那总要想办法啊，我们去了西方那么多国家，见识到了那么多好主意好方法，中亚为什么不学习呢？”胡大头气得直跺脚。

“你要知道，中亚的主要河流都是跨国的，只有流域内国家共同参与，问题才能解决。这就关系到河流上、中、下游国家间的利益矛盾。现在，哈萨克斯坦政府已经采取行动，努力拯救北咸海，所以你们看，我们眼前的这片湖水里还有一些鱼。”高老师指着湖水说。

“可是，光靠一个国家努力没用啊。”小伙伴们依旧担忧。

“是啊，现在唯一的希望，就是中亚各国搁置争端，正确处理石油贸易，共同治理咸海，造福各国人民。”

知识链接

咸海干涸，将是一场巨大的生态灾难：在中亚腹地会出现一个面积为 5 万平方千米的新的大沙漠，届时将有 100 亿吨的有毒盐随风飘荡，对周围的农田、草场和居民造成难以估量的巨大影响。目前中亚已有 200 万公顷的耕地和 15% 的牧场被咸海沙漠吞噬，整个咸海流域地区的经济损失达 300 多亿美元。咸海干涸也会对未来的气候产生影响：干燥程度加重，空气湿度降低 20%~25%，夏天气温将上升 2℃，最高气温将达到 45℃。

博帕尔："流毒"的警示

"印度真美，比电影里的还美！"

一到印度中央邦首府博帕尔，小伙伴们就被这座集美景、历史和时尚于一身的城市所吸引。博帕尔老城有鳞次栉比的市场、古老精致的清真寺和宫殿，隐隐透露出贵族气派。

"博帕尔是在一座名叫博伽帕尔的 11 世纪城市的基址上建设起来的，而博伽帕尔城则是由博伽王所建。"高老师的专业程度堪比导游。

"哦，怪不得有这么多宫殿和城堡。"小伙伴们啧啧称赞，争先恐后地合影。

等小伙伴们从兴奋的情绪中慢慢平静下来，高老师却说出了一段惊人的历史："你们相信吗？就是你们眼前这样一座美丽的城市，曾在一夜之间被人们称作'死亡之城'。"

陈玉婷一惊，两位男生倒是显得相对镇定："去了这么多国家，也知道很多美丽的地方都曾有过不堪回首的过去。”

“再怎么不堪回首，也不至于是‘死亡之城’啊。”陈玉婷还是难免紧张。

听了高老师的讲述，小伙伴们才知道原委：这都是因一次毒气泄漏而起——1984 年 12 月 3 日凌晨，博帕尔市的美国联合碳化物公司属下的联合碳化物（印度）有限公司的一所农药厂发生了氰化物泄漏，这所农药厂就设于贫民区附近，因此引发了严重的后果：2.5 万人直接致死，55 万人间接致死，还有 20 多万人永久残疾。直到现在，当地居民的患癌率及儿童夭折率，仍然因这一灾难远比其他印度城市高得多。

高老师看着惊恐的小伙伴们，缓缓地说：“多年后，有人这样写道：‘每当回想起博帕尔时，我就禁不住要记起这样的画面——每分钟都有中毒者死去，他们的尸体被一个压一个地堆砌在一起，然后放到卡车上，运往火葬场和墓地；他们的坟墓成排堆列；尸体在落日的余晖中被火化；鸡、犬、牛、羊也无一幸免，尸体横七竖八地倒在没有人烟的街道上；街上的房门都没上锁，却不知主人何时才能回来；存活下的人已惊吓得目瞪口呆，甚至无法表达心中的苦痛；空气中弥漫着一种恐惧的气氛和死尸的恶臭。这是我对灾难头几天的印象，至今仍不能磨灭。’”

“老师老师，别说了……”陈玉婷捂着耳朵，不敢再听下去。她无法想象，眼前这些金碧辉煌的楼宇宫殿变成大堆大堆的尸体白骨是怎样的形象……

高老师停止了讲述，轻轻拍了拍陈玉婷的后背。

“至于这么夸张吗？”柳飞扬还不太相信，借着英语出众的优势，他跑到不远处的清真寺门口，拦住一位知识分子模样的中年人，开始交流。高老师和胡大头、陈玉婷在几米之外，虽听不清他们说什么，却也清楚地看到那位中年人脸色骤变，接着，中年人掏出手机，摆弄了一番，指着屏幕让柳飞扬看。

几分钟后，柳飞扬告别中年人，回到队伍，他神情凝重，一语不发，过了好一会儿，才缓过神来，说：“那位印度大叔给我看了灾后中毒者的照片，那个小孩的手，都不是手了……”柳飞扬已经语无伦次了，陈玉婷更是吓得面如死灰。

“这种毒物泄露的事故，要严管、严惩，要不然世世代代都要受苦受罪！”胡大头愤愤地说。

高老师说：“是啊，灾难发生后，毒物泄漏成了全球瞩目的大事。目前，世界各国化学集团都改变了态度，不再拒绝与社区通报，也加强了安全措施，对生产、经营、储存、运输、使用危险化学品和处置废弃危险化学品，都须严格遵守各国有关安全生产的法律法规。各国政府也纷纷公布《危险货物品名表》，将剧毒化学品列入其中，警示众人。”

“这还不够，危险物品应该由专业的人来管，否则谁都可以乱拿乱用，那肯定要出大事！”胡大头毫不含糊。

“你说的这些，政府都考虑到了，现在很多国家都出台法律法规，要求生产、经营、储存、运输、使用危险化学品和处置废弃危险化学品的单位及主要负责人，必须保证本单位危险化学品的安全管理符合有关法律规定和国家标准，并对本单位危险化学品的安全负责。”

“也就是说，如果以后我想当危险化学品保管员，还要专门学习法律知识？”柳飞扬问。

高老师严肃地说：“那当然，不仅要学法律，还要接受安全知识、专业技术、职业卫生防护和应急救援知识的培训，并且经考核合格，才能上岗。”

“这么严格？”柳飞扬吐了吐舌头，“不过确实有必要，万一出了纰漏，那可不知道关系到多少条人命呢。”

“是啊，必须严格！”胡大头稍稍松了口气，见陈玉婷还在发愣，便关切地问，“陈大美女，你好点了没？”

“哦，没事了，谢谢。”陈玉婷定了定神，轻声说，“这些法律法规一定要严格执行，落实到位，再也别让任何一座城市被这些‘流毒’给害了。”

知识链接

除了博帕尔惨案外，剧毒物泄漏事故在其他国家也时有发生。如 1967 年 4 月，日本大阪港一艘装着四乙基铅的万吨油轮，由于容器破裂，造成四乙基铅外溢，12 名清洁工昏倒，其中 8 人死亡。1969 年 6 月，一艘装运“因度萨朗”杀虫剂的货轮船舱泄漏，导致 4000 万条鱼死亡，420 公里河段内的水生动物几乎死绝。不仅泄漏的毒气或液体会伤人，有些化工厂把有毒的工业废料抛进海洋或者埋在地下，同样会威胁人类。要使毒物不再危害我们以及我们的子孙后代，需要有一整套科学的、严格的管理手段和方法，并要有完善的法律作为保证。

新加坡："绿色建筑"引领新风尚

"各位观众，我身后就是位于新加坡维多利亚街中心的地标性建筑——国家图书馆，这座楼高16层、耗资数亿新元的前卫式建筑物外形十分壮观……"

"去去去，你就知道装！"柳飞扬对"山寨记者"胡大头一脸嫌弃。

"怎么了嘛，像我这种爱读书的人就喜欢图书馆，你看这图书馆，多好，高端大气上档次！"

"还好意思说自己爱读书，看图书馆就只知道看外观设计，一点内涵都没有。"不光柳飞扬，连陈玉婷也鄙视胡大头了。

"好好好，你们俩有内涵，那你们俩说说，这图书馆还有什么名堂？"胡大头不服气了。

只听陈玉婷娓娓道来："新加坡的国家图书馆，最令人关注的亮点并不是它宏伟现代的外观设计，而是隐藏其内的一系列环保节能设计。”说着，陈玉婷用手一指：“首先，图书馆的朝向和位置非常好，天然采光，自然通风，有些特殊的地方实在难以通风的，才会用风扇，比如门、大厅和庭院……”

“嗨，这有什么稀奇的！”胡大头不以为然。

“那你再抬头看看，玻璃幕墙上有什么？”

“不就是铝板嘛。”胡大头抬头看了看，依然不屑一顾。

“铝板的作用是什么？”陈玉婷耐心地提醒。

“降低太阳对室内的辐射！”胡大头这才醒悟。

原来，玻璃幕墙可以让大部分室内空间利用自然光，而不需要再另外开灯。同时，铝板又能遮阳，通过一系列避光设施的安装，室内的光线和气温可以随室外变化而自动调整。

“嗯，你终于明白了。”柳飞扬一边说话，一边带着小伙伴们走进图书馆，没多久，大家发现，这种遮阳设计不仅能阻挡阳光，防眩晕，而且适应了热带气候的美学特征，使得建筑的立面充满了变化和跳跃感。

陈玉婷补充道：“其实，整个图书馆分为两块，其中一块悬于地面之上，使风可以自然流通。中庭的玻璃顶上安装了百叶窗，利用对流将热空气抽离室内，这样就不会热了。”

“还真是，这里面又敞亮又凉快，一点都不热。还有什么新鲜的？”胡大头来了兴致。

“还有空中花园。”陈玉婷带着他们走到合适的位置，指给他们看，果然，在巨大的悬空的金属架上，种植了大量绿色植物。

“还真是空中花园啊！”胡大头惊呆了，柳飞扬也连连称赞。

“要知道，对于设计师杨经文来讲，垂直城市和垂直绿化是他的设计理念。新加坡国家图书馆既是一个独特的、深受市民喜爱的城市公共空间，又是一个低能耗、热带生态建筑的巅峰之作。这栋建筑因此被世人誉为‘超级节能楼’，并一举获得了新加坡绿色建筑认证最高奖——白金奖。”

“太厉害了，看来，新加坡在建筑方面动的脑筋还不少呢。”

“是啊，早在2005年，新加坡建设局就推出了‘绿色建筑标志认证计划’，旨在保证建筑环境的可持续性，使开发商、设计师和承建商提升在项目概念、设计以至建筑过程中的环保意识。现在，这个计划已经成为强制性建筑法规。”陈玉婷又“科普”了一番。

柳飞扬有疑问了：“‘绿色建筑’，就是我们之前看到的立体绿化、屋顶花园吗？”

“不是的，‘绿色建筑’是一种概念，指建筑对环境无害，能充分利用环境自然资源，并且要在不破坏环境基本生态平衡的条件下建造。政府会对这些建筑评估，主要考察五个方面：节能、节水、场地，项目管理，室内环境质量与环境保护、创新。根据评分高低分为认证级、金奖、金+奖、白金奖四个等级。达到金奖以上等级的，政府给予一定的物质奖励。为此，政府每年提供2000万新元作为奖励资金。”

“哇，这么高的奖金，肯定好多建筑师愿意参加评选。”一说到钱，胡大头眼睛就亮了。

“你以为这个奖金那么容易拿啊，要知道，绿色建筑作品并不像普通的建筑作品那样，采用复杂的表皮和空间处理手法，而是更加理性地处理建筑与城市的关系，重点是要引入人文要素，把生态属性和人文属性完美地结合起来。”

“哇塞，陈教授果然有内涵，我胡某甘拜下风！”“就是，陈教授说出来的话一般人都听不懂！”胡大头和柳飞扬纷纷打趣。

“你们俩闹够了没？赶紧参观图书馆啦！”

知识链接

新加坡是一个面积只有700多平方公里的现代化国家，又是一个自然资源十分稀缺的岛国。随着经济社会的发展和人口的不断增长，有限的资源与持续发展之间的矛盾成了摆在人们面前的严峻挑战。特别是随着全球变暖趋势日益明显，作为平均海拔仅15米的岛国新加坡，节能减排、可持续发展的意识自然非常强烈。从政府、企业到市民，都有一种真正视生态环境和能源节约为生命的绿色意识。在城市建设方面，集中体现在对于绿色建筑的高度重视和执着追求。2011年12月，在德班气候大会上，新加坡被授予“区域领袖奖”，因为其绿色建筑总体规划在亚太地区具有示范作用。

新加坡：“新生水”带来新活力

“‘新生水’，你们以前听说过吗？”刚离开国家图书馆，“环保卫士小分队”的队员们就来到了新加坡著名的水处理公司——凯发集团。一路上，他们都在讨论该公司的得意之作“新生水”。

“听上去挺神秘，不知道靠不靠谱。”柳飞扬的态度非常谨慎，毕竟，新加坡是个岛国，面积只有 700 多平方公里，淡水资源十分贫乏，人均水资源占有量居世界倒数第二位，480 多万居民的日常生活和生产用水要么靠存储的雨水，要么就只能从马来西亚进口。

“水是生命之源，如果连水都要靠进口，那多危险啊。”陈玉婷想想都觉得着急。

“是啊，所以我们要去看看这个‘新生水’到底是什么宝贝。”胡大头说着，加快了脚步。

到了目的地，凯发集团的工作人员李先生热情地接待了他们，并耐心地讲解了“新生水”项目的初衷：“众所周知，新加坡是缺水的，为避免供水危机，我们政府坚持开源与节流并举的方针，提出开发四大‘国家水喉’计划，也就是雨水收集、淡水进口、海水淡化和污水再利用，其中，污水再利用项目就是我们公司的‘新生水’项目。”

胡大头忍不住问：“请问你们的‘新生水’是什么样的呢？”

“请跟我来。”李先生微笑着带领小伙伴来到一个池子边，池中的水清澈见底，几条五颜六色的鱼正在欢快游动。

“这个水池里的水就是新生水。”李先生说着，又从旁边的玻璃柜里拿出一个塑料瓶，“这个瓶子里也是新生水。”

“这不就跟我们常喝的矿泉水一样吗？”胡大头心直口快，他实在没看出来有什么区别。

李先生笑了：“不一样，我们的新生水是从各种生活污水中净化提取出来的。”

“从污水里提取？那这能喝吗？”小伙伴们惊呆了，虽然看着这水觉得干净，但难免有很大的心理障碍。

“你们不用怕，我们平时都喝这个水。我给你们看个短片吧，看完你们肯定就能放心了。”说着，李先生打开了电脑。小伙伴们半信半疑地坐下来观看。

短片介绍了新生水的生产过程，原来，新加坡具有完善的阴沟和排水处理系统，使得100%的用户废水都可以排入废水管网，输送到供水回收厂。废水回收后，便要经过过滤、再生，这个过程利用了微过滤和逆渗透两项先进技术。整个生产过程分为3步：先用微过滤把污水中的粒状物和细菌等体积较大的杂质去掉，然后用高压将污水挤压透过反向渗透隔膜，将已溶解的一些较小杂质过滤出来，最后再经过紫外线消毒，就得到了可循环利用的新生水。

“嗯，这过滤技术真不错……”胡大头还没说完，陈玉婷就尖叫起来：“快看，新加坡的国家领导人都喝新生水了！”

原来，短片镜头中播放的正是新生水刚刚问世时，当时的吴作栋总理身先士卒，兴致勃勃地第一个饮用新生水。

李先生笑着说：“是的，吴总理带头喝水，起到了极好的示范带动效应。所以，你们现在放心了吧？”

小伙伴们不好意思地笑了，不过还是积极提问：“那现在新加坡人民喝的水都是新生水吗？”

“我们喝的是新生水和天然水的混合水。从 2003 年起，新加坡正式启动新生水推广活动，约占全部饮用水 1% 的新生水被注入蓄水池，和天然水混合后，送往自来水厂，经进一步处理后成为饮用水。此后的短短 6 个月内，政府免费送出 150 万瓶新生水作为推广。与此同时，新加坡的媒体也大力宣传新生水的品质，不断增强国人对新生水的信心。”

“那老百姓都相信吗？”胡大头继续“刁难”。

“刚开始时，大家也有些怀疑，那时候新生水主要用于工业，不过我们在新生水厂设立了游客参观中心，向到访游客全面介绍新加坡和世界水资源情况，给游客播放新生水生产过程的宣传片，还带他们到水厂观看实际操作情况。”

“您说的宣传片，就是我们现在看的这个吗？”柳飞扬问。

“是的，一开始，很多人比你们更不相信呢，后来都愉快地接受了。短短 3 年时间，大家都喝上了新生水。”

“好，那我也相信了。”胡大头说着，拧开面前的瓶装水，豪爽地喝了一大口，“嗯，味道跟我们常喝的矿泉水差不多。”

陈玉婷和柳飞扬互相看了一眼，也拿起水喝了一口，然后点点头。

李先生哈哈大笑:“你们尽管放心，经过专家鉴定，新生水各项指标都优于目前使用的自来水，清洁度至少比世界卫生组织规定的国际饮用水标准高出50倍。”

“哇,那我们能喝到这样的水,还真走运呢。”胡大头秒变“捧场王”。

“不光是你走运，整个新加坡人民都走运。新生水的成功开发，给新加坡带来了显著的社会效益和经济效益。首先，节约了工业用水。尽管新生水可以安全饮用，但目前主要还是应用于冷却系统用水和芯片制造、制药等需要高度纯净水的行业。其次，节省了居民的生活成本。”

“这种高科技还节约成本？”精打细算的胡大头又有兴趣了。

“那当然，要知道，新生水的生产成本很低，是海水淡化成本的一半，价格比自来水还便宜，并且随着技术的不断进步和生产规模的不断扩大，其生产成本还有进一步下降的可能。”

“那还真是物美价廉啊。”胡大头又看了一眼手里的这瓶水。

“最重要的是，新生水的诞生，使新加坡在污水治理领域走在世界前列，成为以科技创新解决水资源困境的成功实践者，这是国际水业界公认的。现在，新加坡在水资源开发方面不仅能做到自给自足，而且也有可能成为水资源输出国。”李先生十分自豪地介绍。

知识链接

由于节水成效卓著，新加坡国家水务管理机构即公用事业局，在2006年“第五届世界水大会”上，囊括国际水协会颁发的年度三项大奖。目前新加坡共有五座新生水厂，所生产的新生水差不多能够满足全岛30%的用水总需求。

神奇的“细菌发电”

“最头痛的就是倒时差！一觉醒来，天都黑了。”刚到日本，“环保小分队”的队员们已经筋疲力尽。

“当地时间晚上九点半了，这大晚上的，既不能出去参观调研，又刚刚睡醒……”胡大头嘀咕着，忽然灵机一动，“我们看纪录片吧。”

“什么纪录片？”陈玉婷一副没睡醒的样子。

“关于细菌的，上次我看了个开头，正好现在继续看。”胡大头兴致勃勃。

“无语，细菌有什么好看？脏死了！”陈玉婷一脸嫌弃。

“不要有偏见嘛，细菌也有好处呢，它可以发电！”胡大头赶紧为细菌打抱不平。

“嗯，这我倒听说过，要不，一起看看？”柳飞扬凑了上来。陈玉婷虽然不大情愿，也还是挪过椅子，坐下来一起看。

胡大头打开视频，声音图像一齐传出：“细菌发电的历史可以追溯到1910年。当年，英国植物学家马克·皮特首先发现有几种细菌的培养液能够产生电流。于是他以铂作电极，放进大肠杆菌或普通酵母菌的培养液里，成功地制造出了世界上第一个细菌电池。”

“这个电池的电量有多大？”陈玉婷不解地问。

“呃，不太清楚，继续看吧。”胡大头目不转睛地盯着屏幕。

纪录片继续播放：“直到20世纪80年代末，细菌发电才有了重大突破，英国化学家彼得·彭托在细菌发电研究方面取得了重大进展。他让细菌在电池组里分解分子，释放出电子向阳极运动，产生电能。据计算，利用这种细菌电池每100克糖可获得1.35293×10^6库仑的电能，其效率可达40%。”

“这已经远高于目前使用的太阳电池的效率了呀。”柳飞扬调动了知识储备。

“是啊，而且这种细菌电池还有潜力可挖。只要不断地给这种细菌电池里添加糖，就可获得更多的电流。”胡大头补充了一句。

“那要加多少糖才够啊？”陈玉婷疑惑不解。

“我们可以把细菌放进甘蔗里呀，这样就能做成一个‘甘蔗细菌电池’……”胡大头想象力丰富。

“你看你看，片子里正在播呢！”陈玉婷打断了胡大头，认真地看起了纪录片：“利用细菌发电原理，可以建立较大规模的细菌发电站。计算表明，一个功率为1000千瓦的细菌发电站，仅需要10立方米体积的细菌培养液，每小时消耗200千克糖即可维持其运转发电。这是一种不会污染环境的‘绿色’电站，而且技术发展后，完全可以用诸如锯末、秸秆、落叶等废有机物的水解物来代替糖液。因此，细菌发电的前景十分诱人。”

“我们这个房间的容量就将近30立方米，这个细菌培养液才10

立方米，还真小。”柳飞扬看了看房间，大致比画了一下。

“而且糖还可以用一些废弃有机物代替，真好。”陈玉婷也慢慢看懂了，惊喜不已。

柳飞扬补充道：“不光可以找东西替代糖，还可以用一些生物合成糖分呢。美国就设计出一种综合细菌电池，里面的单细胞藻类可以利用太阳光将二氧化碳和水转化为糖，再让细菌利用这些糖来发电。”

只听纪录片中继续介绍：“现在，各个发达国家各显神通，在细菌发电研究方面取得了新的进展。日本科学家同时将两种细菌放入电池的特种糖液中，让其中的一种细菌吞食糖浆产生醋酸和有机酸，而让另一种细菌将这些酸类转化成氢气，由氢气进入磷酸燃料电池发电。”

“这么牛的技术，咋不上天呢！”陈玉婷惊叫起来。

“你别说，还真能上天！”胡大头一本正经地说，“2012 年，美国宇航局就向科研机构划拨了一笔经费，请专家研究细菌供电技术，打算将来用在微型行星探索机器人身上。如果取得成功，未来的微型机器人行星探险家就不需要科学家干涉，只用微生物燃料电池就可以完成工作。”

陈玉婷满脸写着“佩服”二字：“看来，细菌并不完全是个坏东西，只要用得恰当，它还能造福人类。”

知识链接

细菌不仅能发电，还能捕捉太阳能，把太阳能直接转化成电能。美国科学家在死海和大盐湖里找到一种嗜盐杆菌，它们含有一种紫色素，当它们把所接受到的大约 10% 的阳光转化成化学物质时，就能产生电荷。科学家们利用它们制造出一个小型实验性太阳能细菌电池，结果证明嗜盐性细菌是可以发电的。用盐代替糖，其成本就大大降低了。由此可见，让细菌为人类供电已经不再遥远，不久的将来即可成为现实。

日本尼桑：汽车也能低碳环保

“看，这汽车是方形的！”在日本尼桑汽车公司的生产车间里，陈玉婷又有了新的发现。在国内，她很少看到这样方形的汽车。

“嗯，好像比我们常见的汽车空间更大了一些。”胡大头和柳飞扬说出了这种造型奇特的车的优点。

“你们说得对。”尼桑汽车的设计师藤井先生带领小伙伴们参观，并参与了他们的讨论，“我们是有意把汽车设计成方形的。方形的汽车不仅比普通汽车的空间更大，而且有利于回收。尼桑公司的可回收汽车，循环利用率可达95%。”

“汽车也讲究环保吗？我一直都以为汽车是污染环境的。”胡大头依然心直口快。

“我们很清楚汽车给地球环境带来的负面影响，因此也一直在努力解决这些问题。为了尽可能地减少对地球的污染，我们的终极目标就是：将环境负荷或资源利用控制在自然可吸收的水平。”

“那除了在外观设计上，尼桑还有哪些方面能做到环保呢？”柳飞扬提问了。

“在材料的选用上，我们都选用的是可回收材料，同时细化到很小的零件上。”藤井先生指着仪表盘说，“你们看，仪表盘运用的是单一的 PP 材料，这就便于回收利用。”

“这样一个小零件都有讲究？”

“是的，很多时候我们总以为环保一定是在大问题上下功夫，其实，更多的是要落实到细节。小到一个零件的设计及材料，也可以对环境保护做出重大贡献。”

小伙伴们围着汽车左看右看，又问：“这车会不会特别耗油？”

“不会的。”藤井先生重点介绍了小伙伴们眼前的这辆车，“这是我们的‘新阳光’系列。通过 1.5L 发动机和 CVT 变速箱的组合应用，不仅可以确保平滑变速，还能控制油耗，减少二氧化碳的排放。‘新阳光’综合工况油耗只有 5.8L，在同等价位的车型中，算是数一数二的。”

“嗯，真不错。”胡大头像专家似的点点头。

在车间里参观了许久后，大家走到了室外，只见几辆垃圾车“整装待发”。“这些垃圾要运到哪里？”胡大头又好奇了。

“这是我们建立的垃圾分类回收的流程。把休息场所的生活垃圾和装配线上的工程垃圾分好类，通过专用搬运台车运到资源站，最后再运到公司以外的回收点。”

“这些垃圾都能循环利用吗？”

“能，通过对废弃物的分类回收处理，尼桑公司把垃圾的循环利用率从1990年的71.1%提高到了现在的100%。”

“100%？！”小伙伴们又惊叹了。

“对，我们的理念是：混在一起是垃圾，分开就是资源。在日本，垃圾废弃物的分类一直是个亮点。无论是家庭的垃圾还是企业的废弃物，都实行分类回收。”

“那除了这些，尼桑还有其他环保方面的措施吗？”

“有，我们不仅在生产制造汽车的过程中贯穿着保护环境的理念，同时也积极组织参加环境保护活动，‘人、车、自然共生’是我们的理想社会蓝图。企业不仅仅应该注重自身利润的最大化，更应该追求社会价值的最大化，在创造利润的同时，应该关注对社会、对环境造成的影响，这样才能真正做到‘循环经济’。”

知识链接

尼桑汽车公司是日本第二大汽车制造厂家，于1933年在神奈川县横滨市创立。目前，它拥有包括日本在内的分布于全球20个国家与地区的生产基地，为160多个国家与地区提供商品及相关服务。尼桑以“丰富人们的生活”为公司愿景，除了通过提供产品服务来创造价值，还通过全球的所有公共事业活动，为公司的持续发展做出贡献。

日本：“植物工厂”硕果累累

“不就是参观工厂吗？急什么急！”刚到宾馆住下，柳飞扬就催着陈玉婷和胡大头出去参观，把他们俩给催急了。

“这个工厂不是一般的工厂，这个是植物工厂！”柳飞扬急得话都说不清了。

陈、胡还是不明白：“植物工厂又是什么东西？”

“就是不靠太阳不靠土，植物就能自己生长。”柳飞扬给了一个简单粗暴的解释。

陈玉婷愣了一下：“哦，我的水培绿萝也是不靠阳光不靠土啊，有什么区别？”

柳飞扬简直无语：“我说的是大规模，大规模你懂吗？你想象一下，一大片植物关在大棚里，自己能调节环境，自己生长，产量还特别高，能想象吗？”

陈、胡面面相觑，虽然还是不明白，但看柳飞扬急得冒汗的样子，还是很配合地加快了步伐。

在柳飞扬的带领下，三人来到了日本三菱化学公司，接待他们的是农业专家井上先生。

柳飞扬开门见山地说："我的朋友都不太明白植物工厂是怎么回事，请您给我们讲讲好吗？"井上先生爽快地答应了，直接把他们带进了一个看似普通的集装箱。

"哇，我这下知道什么叫大规模了！"一进门，陈玉婷就感觉见了世面。只见室内布满了栽培架，上面种满了生菜、小白菜等蔬菜植物。墙上的电子显示屏正报告着温度、湿度等数据。

"这里的植物真的不用阳光就能生长吗？"胡大头满腹狐疑。

"是的。我们都知道，太阳光由红橙黄绿青蓝紫七种颜色的光组成，每种颜色的光有不同的波长。可是，植物生长并不需要可见光中的所有波长的光，而只是吸收特定波长的光。"

"这样啊……那是不是我们只需要让某种颜色的光照着植物，植物就可以生长？"

"可以这么理解。比如，进行光合作用时，蓝色450纳米波长的光有利于植物长叶，而红色660纳米波长的光则有利于开花和结果，针对不同的植物和生长阶段，我们可选择不同的红蓝比例，达到最佳的使用效果。早期人们常用荧光灯与少量的白炽灯，有时还选择高压水银灯或氙气灯，后来又采用卤化金属灯、高压钠灯和全光谱灯。再后来，LED和激光灯等新光源被广泛应用与开发。"井上先生解释得特别具体。

"告诉你们吧，最早把LED用于植物栽培的就是日本三菱公司，所以我今天才带你们来。”柳飞扬隆重介绍。

“谢谢。”井上先生笑着说，“2010年，我们公司推出了用大型集装箱改造的‘植物工厂’。”说着，井上先生指着他们所在的集装箱说：“像这样一个面积约30平方米的箱子，一年大约可收获1.8万棵生菜和小松菜。”

“这么多？！”小伙伴们吓了一跳。

“是啊，现在工厂内种植的生菜、小白菜等，20天左右就能收获，而在普通的大田里，则需要一个月到40天的时间。除了收获快，空间利用率高也是植物工厂的重要特点。你们看，我们这里都是三层的栽培架，从面积上就相当于同样大小露天耕地的三倍，加上种植密度大，因此，植物工厂的产量可以达到常规栽培的几十甚至上百倍。”

小伙伴们东瞧瞧西看看，既惊奇又疑惑：“那植物的生长环境能保证吗？”

“这种‘植物工厂’最大的好处是不受地域环境的影响，不论是寒冷地带，还是无水沙漠，都可以做到稳产高产，保种保收，因为我们的内部设施都很到位。你看，集装箱上部装了太阳能电池板和锂电池混合电源。室内装了水处理设备，可以循环利用，节约用水。我们还有LED光照设备，促进作物的光合作用，水耕栽培系统负责投放最合适的液体肥料。集装箱壁加装的隔热材料使外部的温度不会影响室内温度变化，既可以控制能源消耗，又可以准确调节植物生长的最适合温度。”

小伙伴们点点头，继续问：“那植物工厂里是不是只能种蔬菜？”

“也可以育苗啊。”井上先生向右边一指，“那边就有黄瓜和番茄的育苗。”

小伙伴们凑过去一看，果然看到了小小的黄瓜苗和番茄苗。

“育苗的周期比种植蔬菜更短，一般为一周左右。虽然常规栽培的周期也不是很长，但在育苗的整齐和健壮度上不如植物工厂的产品。毕竟普通大田的不可控因素太多，今天光照也许很好，但明天可能是阴天，后天有可能降温，而这些在工厂里都可以得到控制。”

“可是这些植物都不长在土里，能活得好吗？”

“有营养液啊。”井上先生掀起用来固定植株的塑料泡沫板，小伙伴们清楚地看见，原来植物的根系完全浸泡在液体中。

“土壤的作用是提供营养元素和水分，而营养液除了提供水分，也提供了植物生长所需的各种元素，包括氮磷钾等大量元素及锌铁锰等微量元素，因此没有必要使用土壤栽培。无土栽培的技术现在已经非常成熟，而且水栽比土栽的生长周期要快很多，这也是使用水栽的重要原因。”井上先生又指了指墙上的电子屏，“这里可以监控营养液的温度。在寒冷的天气中，系统会对营养液进行加热，保护植物的根系不被冻伤。”

说到这里，陈玉婷和柳飞扬都心悦诚服，唯独胡大头还眉头紧锁，终于，他还是忍不住问了：“植物工厂里种出来的菜，会不会很难吃啊？”

“哈哈哈，你个吃货！”小伙伴们都笑了。

倒是井上先生认真地回答了：“由于这些蔬菜是在干净无尘的环境中生长的，又没有使用杀虫剂，所以营养健康，连洗都不用洗就能直接吃，口感绝对不比露天蔬菜差。”

“嘿嘿，那我就放心了。”

“我估计你们都饿了吧，我请你们吃饭，让你们尝尝植物工厂的产品。”

“好哦好哦！”小伙伴们满口答应，欢呼雀跃。

知识链接

“植物工厂”源自美国，早在20世纪40年代，美国加州就建立了第一座人工气候室，并把营养液栽培与环境控制有机地结合起来。日本于1953年、苏联于1957年也相继建成了大型人工气候室，进行人工可控环境下的栽培试验。1957年，世界上第一座植物工厂在丹麦约克里斯顿农场建成。与欧美国家相比，日本在植物工厂方面的研究相对来讲起步较晚，但其研究与开发的速度很快。1989年成立的日本植物工厂学会具有很强的影响力。日本政府在政策与资金方面的大力支持，使植物工厂成为21世纪高科技农业的重要发展领域，极大地推动了植物工厂的普及与发展。

武汉："吃垃圾"破解环保难题

"啊，回到国内就是开心！"小伙伴们兴高采烈。

"可是我们的调研工作还得继续呢。"高老师说，"今天，我带大家去武汉参观一家'吃垃圾'的水泥厂。"

"水泥厂不都是污染企业吗？"胡大头就是心直口快。

"这家水泥厂以前确实是，甚至一度被人说成是'光灰产业'的代表，不过，现在人家可是'环保先锋'了。"

"我不信，眼见为实。"胡大头还真倔。好在高老师说到做到，真的将小伙伴们带到了"中国水泥工业的摇篮"——华新水泥股份有限公司。

"你们看地图导航，华新就在三峡大坝上游50公里的地方选址，建成了一条日产4000吨水泥熟料生产线，并投资5000万元配套建设漂浮垃圾处置项目。"

"是把水上的垃圾打捞起来再处理吗？"陈玉婷若有所思。

"对，这是一条精心设计的流程：打捞起来的漂浮物先进入处置车间，打碎成较小的颗粒，再转移到露天干燥厂或送至窑底，利用水泥窑余热，蒸发漂浮物水分，最后进入分解炉内处理。短短 3 年的时间，华新共处理三峡库区漂浮物 20 万吨。"

"那华新水泥厂是不是只能处理三峡水库里的垃圾呢？"柳飞扬问。

"那可不止。在武汉、黄石、宜昌等城市，污水处理厂里产生的大量'二次污染物'——市政污泥，也被华新'吃干榨尽'。"

"处理这些污泥有什么用呢？"陈玉婷不明白。

"这还用问，污泥经过处理，可以当燃料啊！"柳飞扬抢答道。

"没错。"高老师进一步解释，"经过污水处理厂处理后的污泥含水率在 85%左右，而污泥的含水率越高，热值就越低，只有当含水率低于 50%时才适于燃烧。华新主要采用污泥脱水后直接入窑的技术处置市政污泥。污泥被送来后，首先要进行集中干化，将含水率降到 50%左右，然后利用水泥窑低温余热深度干化污泥，将污泥含水率降到 10%以下。"

"哦，那这样的污泥就可以做燃料了！"陈玉婷听明白了。

"对。如果按照含水率为 10%的污泥热值来计算，处理 1 吨污泥就可以为水泥厂节省 150 公斤标煤。因此，这种方式真正实现了污泥的无害化处置。"

"而且我注意到一个细节：蒸发污泥水分用的是水泥窑里的余热，这是充分利用资源啊，而且处理后的污泥又可以做燃料，既节能又环保。"柳飞扬总结得非常到位。

"唉，要是全国的垃圾都能这么处理就好了。"陈玉婷"野心"还真大。

"哈哈，华新的'吃垃圾'业务已经冲出本省，面向全国了呢。早在 2012 年，华新就和北京的一家公司签了合作协议，利用华新水泥窑协同处置技术，对北京生活垃圾进行无害化处置，'吃进'垃圾，'产出'水泥，而且没有二次污染。"

"这么棒？太好了！"陈玉婷高兴过后又担心了，"可是，生活垃圾那么复杂，有些可燃的成分当然可以提取出来做燃料，但还有些杂七杂八的东西是不可燃烧的，那怎么办？"

"唉，你今天脑子'秀逗'了吧？像灰渣、砖瓦碎块之类的，经过处理可以作为水泥生产的原料啊。"柳飞扬又一次抢答。

"看样子，大家对变废为宝的方式方法都很有经验了呀。"高老师说道，"正如大家所说，办法总比困难多。现在，华新水泥厂已有生活垃圾、市政污泥、水域漂浮物处置等40余项发明、实用新型技术专利。包括废弃农药、废弃有机溶剂在内的15类危险工业废弃物，华新都能顺利处理。"

"太厉害了。这次来华新，简直刷新了我的三观。我以前总以为水泥厂都是披着污染的灰袍，没想到也能穿上环保的绿衣啊。"胡大头又一次心悦诚服。

"没错，虽然扩大产能和节能减排是一对难解的矛盾，但是，只要勤动脑筋，不断创新，总会有办法实现经济增长与环境保护两不误。"

知识链接

1907年兴建的华新水泥厂，在一百多年的发展历程中，引领着中国水泥工业的发展，也一度成为污染企业的代表。但是，经过十多年的努力，华新让水泥企业不再是高污染的标志，不再是高能耗的代名词。未来几年，华新至少能建设30个环保处理工厂，并带动与水泥行业相关联的电力、钢铁、化工等企业，形成资源再利用的循环经济产业链。

水立方：要奥运，更要环保

“终于到了水立方！”小伙伴们高兴极了，尤其是胡大头，兴奋得手舞足蹈，“我做梦都想在水立方游个泳。”

“等我们完成了调研任务，让你游个够！”高老师笑了。

胡大头依然抑制不住喜悦的心情，手舞足蹈指指点点：“你们看这外形，就像个蓝色的水盒子，墙面就像一团无规则的气泡。怪不得叫‘水立方’，还真形象！”

“你别小看了这些气泡，它所用的材料叫作 ETFE，也就是我们常说的聚氟乙烯。这种材料耐腐蚀性、保温性都特别强。国外的抗老化试验证明，它可以使用 15 至 20 年。而且这种材料很结实，据说人在上面蹦蹦跳跳都不会损伤它。”

“这么结实？”胡大头还真想跳上墙面蹬两脚，最终还是忍住了。

“是啊，ETFE 膜具有较好抗压性，一张纸那么厚的 ETFE 膜构成的气枕，就可以承受一辆汽车的重量。”柳飞扬知道的也挺多。

“还有，根据这些气枕摆放位置的不同，外层膜上分布着密度不均匀的镀点，这些镀点可以起到遮光、降温的作用。”陈玉婷也做足了功课。

胡大头啧啧称赞，顺手摸了摸外墙：“墙面还特别干净嘛！”

“对呀，ETFE 膜自身具有绝水性，可以利用自然雨水完成自身清洁。”

“不得了，光一个外层膜就有这么多名堂。”

“我们别光在外面说话，进去看看吧。”高老师带着小伙伴们走进大门，到室内四处参观。胡大头直奔游泳池，差点就跳进去了。

“你别急，我先考考你，你知道水立方泳池里的水都是从哪里来的吗？”高老师出题了。

“啊？”胡大头答不出来，一旁的柳飞扬悄悄指着天花板给他使眼色，谁料胡大头依然一脸迷茫。

“哎呀，都指给你看了，‘泳池之水天上来’！”柳飞扬急得直跺脚，把高老师逗乐了。

“柳飞扬说对了，水立方 3 万平方米的屋顶能使雨水的收集率达到 100%，而这些雨水量相当于 100 户居民一年的用水量。泳池里消耗的水有 80% 是从屋顶收集过来，然后循环使用的，这样不仅节约用水，而且能减少排放到下水道中的污水。”

“把雨水收集过来倒进游泳池？会不会有点脏？”一心想游泳的胡大头开始犹豫了。

“奥运冠军都不怕脏，你怕什么？再说，这水哪里脏了？”柳飞扬又开始嫌弃胡大头了。

胡大头不好意思地摸摸脑袋，的确，游泳池里的水清澈见底。

“屋顶的雨水并不是直接倒进游泳池，当然要先经过处理啊。为确保水立方的水质达到国际泳联最新卫生标准，泳池的水全部采用砂滤—臭氧—活性炭净水工艺，而且用臭氧消毒。”

“臭氧？很臭的氧气？”胡大头又装傻了。

“臭氧不仅不臭，还能有效地去除池水的异味，而且可以消除池水对人体的刺激。”

“那泳池的水也得勤换吧？”胡大头想得还真多。

“那当然。泳池换水全程采用自动控制技术，提高运行效率，降低净水药剂和电力的消耗，这样可以节约泳池补水量 50% 以上。”

“嗯，这泳池真会节约。”

“不光是泳池，其他地方也很节约，不信你来看看。”柳飞扬说着，把胡大头拉进了卫生间。原来，水立方的坐便器、沐浴龙头、水池等设备都采用了感应式的冲洗阀，合理控制卫生洁具的出水量，并在各集中用水点设置水表，计量用水量。

“那洗浴之后的废水肯定又会处理吧？”

“那当然，废水会被氧化、过滤，再用活性炭吸附并消毒，然后用于场馆内便器冲洗、车库地面的冲洗，还有室外绿化灌溉。仅此一项就可每年节约用水 44530 吨水。”

“室外灌溉的水也能这样节约？”胡大头又一愣。

“怎么不能？水立方的室外绿地可讲究了，为了减少水的蒸发量，都是在夜间灌溉，而且采用的还是微灌喷头，可以节约用水 5%。”

“真难为这些设计师想得出来！正因为有这些细节，水立方才能成为一流的奥运场馆，更成为一流的环保建筑。”

知识链接

国家游泳中心，又被人们称为“水立方”，位于北京奥林匹克公园内，是2008年北京奥运会标志性建筑物之一。国家游泳中心建设主要的先进节能技术包括热泵的选用、太阳能的利用、水资源综合利用、先进的采暖空调系统，以及控制系统和其他节能环保技术，如采用内外墙保温，减少能量的损失，采用高效节能光源与照明控制技术等。其建筑设计中的诸多亮点，都体现了北京奥运会“绿色奥运、科技奥运、人文奥运”的三大理念。

高碑店：红菌治污水，省电有妙招

“这么脏的水，能处理干净吗？”

在高碑店污水处理厂的车间里，胡大头又沉不住气了。小伙伴们看着眼前的大水池，里面的污水乌黑一片，还带着淤泥和泡沫，真让人恶心。

“先别急，等下就能让你们见识一种高级的污水处理方法。”技术部的李师傅笑了，然后和小伙伴们闲聊了几分钟，又指着水池说：“你们看，现在这淤泥不是没那么黑了嘛！”

小伙伴们定睛一看，果然，随着水中起的泡不断增多，水的颜色也慢慢变浅。

“咦，这是怎么回事？”小伙伴惊喜地问。

“这可都是红菌的功劳。”李师傅告诉大家。

“红军？”

“哈哈，不是爬雪山过草地的红军，而是一种微生物，它的学名叫厌氧氨氧化菌，它的丰度很低，几乎检测不到其活性，当它在生物膜上有低活性的时候，污泥就不是通常的黑色了，呈现为灰色，驯化一段时间后，随着菌数增加，污泥颜色转变为红棕色。由于这与众不同的红色，污水处理厂的工人们就把它叫作红菌。”

看小伙伴一脸茫然的样子，李师傅指着一个带有小孔的“笼子”，说：“这个叫作填料，红菌就附着在这个填料上面。”

大家纷纷凑上来观察：“原来这就是红菌的‘家’啊。”只见芝麻大小的红菌颗粒抱团沉积在水中。

“你们可别小看这么一小团，每个颗粒中的红菌都有三五亿之多呢。”李师傅补充了一句，听得大家愣住了，“这只是一个样本。红菌的主反应器被关在一个密封的车间里，那里面全是红菌的填料支架。”

“这个红菌为什么能处理污水呢？”柳飞扬问。

“你们看，通过这样一个循环的装置，污水可以进入红菌反应器中，红菌就能把污水中的氨氮‘吃掉’，然后吐出氮气。”为了让大家看得更仔细，李师傅在红菌样品中倒入一点污水，然后轻轻摇晃一下，一串串气泡随之冒出。

“哦，这就是氮气！”柳飞扬叫了出来。

“对，这也就是红菌治污水能省钱省电的原因。以往的生物脱氮需要注入空气以提供其存活所需氧气和碳源，而红菌直接将氨氮转化为氮气，省去了占地几十平方米的曝气池，不仅能节省了土地和建设成本，还节省了 60% 电耗和 40% 的设施运行费。一个中等规模、每天 500 吨垃圾处理液的处理基地，光建设时就能节省费用 1500 万，运行时每天还能节省费用一万元。”

听完李师傅介绍，小伙伴们连连叫好。

“而且我发现，红菌处理污水后，不会产生二氧化碳，也就是说，能降低温室气体的排放量。”柳飞扬又补充了一个好处。

“既然红菌治水有这么多好处，那我们是不是应该大力推广呢？”陈玉婷问。

“推广当然应该推广，只是现在还有不少困难。”李师傅解释道，“红菌反应器启动过程实质是其内微生物活化和增殖的过程，由于厌氧氨氧化菌 11 天才能完成一个倍增，污泥产率系数较低，活性又易受到氧的抑制，启动时间通常要半年。如何将它规模应用于污水治理实际中，也是国际公认的难题。目前，在全球也仅有十几座大型厌氧氨氧化废水处理厂。直到 2002 年，荷兰鹿特丹才建成的世界上第一座生产性质的，完全厌氧氨氧化污水处理反应器。我们高碑店污水处理厂也是国内首个自主知识产权的‘红菌’脱氨生产性示范工程，每天可处理 100 立方米的污水，相当于一个小型的污水处理厂。”

“没关系，我相信总有一天技术难题能够攻破，到时候红菌的工作量就相当于一个大型处理厂，并且在全世界都能推广。”胡大头信心十足。

“哈哈，我也相信会有这样一天。”李师傅爽朗地笑了。

知识链接

时至今日，全世界都还未获得厌氧氨氧化菌纯培养菌株。庆幸的是众多科学家协同攻关，在 2006 年利用环境基因组学的方法完成了这一非纯培养菌株厌氧氨氧化菌的全基因组序列测定，发现 200 多个基因参与其氨氮的短程转化代谢过程。

香港“零碳天地”：名副其实的零碳建筑

“零碳天地”真的“零碳”吗？带着这个问题，“环保卫士小分队”的队员们跟着高老师来到了香港，参观首座以低碳环保为主题的建筑群体。

“先给你们普及一下常识，这片耗资2.4亿港元打造的城市绿洲，包括一栋集绿色科技于一身的两层高建筑，以及环绕其四周的全港首座原生林景区。”高老师对这群“好奇宝宝”说。

“以我的经验，这种大型建筑群肯定都是里里外外全副武装，任何一个材料、细节，都可能是节能环保的关键。”柳飞扬第一个发言。

“你这说得太笼统，要我说，绿色建筑大致都有这么几个特点：自动调节室温和采光、使用清洁能源、资源可循环利用。”胡大头果然更加具体。

“还有‘零碳’，这可是主题。”陈玉婷念念不忘“零碳”。

“哈哈，看来你们在国内国外走了一遭，确实长了不少见识，都总结出经验了。”高老师非常欣慰，“那我们就一项一项地说说这个‘零碳天地’。”

“好，我觉得应该先看风水。”“柳大师”眯着眼睛东张西望，接着摆出一副高深莫测的样子，“建筑物位置、座向都设计得非常合理，能尽量采用大自然的热能和通风。还有，建筑物是锥形和长形的，能同时增加室内的空气流通和采光。”

“哎呀呀，柳大师不得了，全被你说中了。”高老师带头鼓掌。

“还没说完呢！”柳飞扬继续摆谱，“外墙方面，采用了高性能外墙和玻璃，还添加了室外遮阳设计；内部的对流通风布局，可增强自然通风，降低了对空调的需求。”

“那我就来说说‘零碳天地’的发电吧，它是用太阳能、生物柴油自行发电。生物柴油燃烧后产生的二氧化碳比传统燃料少很多。此外，生物柴油源自植物，植物在生长过程中吸收二氧化碳。‘零碳天地’每年使用6万升生物柴油，每年发电足以负担整座建筑的需求，甚至还有得多。”胡大头也毫不示弱地发言了。

“可是，发电装置在哪里了？我没看到啊。”陈玉婷问。

“就在主建筑地下一层，那个生物柴油发电装置，是‘零碳天地’的心脏，里面全部是提炼自食用废油的百分百生物柴油。”高老师回答了这个问题。

“那我猜这个发电的过程也是可循环的。”陈玉婷大胆想象。

“没错，生物柴油通过特制设备发电，发电的余热被用来制冷，制冷后的余热再用来除湿，形成发电、制冷、制热的三联供，从而充分利用能源，能源利用率达70%，而传统的发电厂发电只有约40%的能源利用率。”

“那剩余的能源怎么办？”陈玉婷又问。

“‘零碳天地’把剩余的能源回馈电网，以抵销建造过程及其他方面所使用的能源。以运作结果计算，‘零碳天地’每年制造的能源会高于建筑物营运时消耗的能源。”

“哦，明白了。我还发现，‘零碳天地’的绿化率特别高，绿化区超过了总面积的50%，据说这里栽种的树多达370棵，其中超过300棵为本地品种。这样的园境设计可吸收二氧化碳，还能降温，改善微气候，减低城市热岛效应，同时为附近的道路提供自然的遮阴。”陈玉婷不紧不慢，娓娓道来。

“非常好，同学们不仅做足了功课，而且观察细致，总结到位。”高老师对大家的表现非常满意，又讲解了一些更专业的知识，“‘零碳天地’采用了最先进的环保建筑设计及技术，包括捕风器、地下预冷管、高流量低转速吊扇、冷梁冷却系统及除湿设计，其中好几项都是首次在香港应用。此外，光伏板和生物柴油推动的三联供系统可以高度节能。而且，建筑物的设计非常灵活，将来我们可以随时添加高科技的设施，应付不断发展的低碳及绿色建筑的技术和要求。”

“这简直是强强联合啊，‘零碳天地’名不虚传。”胡大头点了个大大的赞。

“是的‘零碳天地’标志着香港绿色建筑的一个新里程，向全世界的建造业展示了先进的零碳科技，同时，‘零碳天地’每年可接待高达40,000访客人次，也提高了我们对可持续生活模式的认知。”

知识链接

“零碳天地”设计团队采用了逾80项的尖端环保建筑设计，来提升建筑物的空间、结构和建筑系统的适应性。为有效进行全面的建筑管理，“零碳天地”里安装了超过2800个智能监测仪器，管理者可实时透过BEPAD系统评估效益，向各持份者提供信息。团队特别设计了简易接口，参观人士可用BEPAD系统查阅实时效益评估数据，现场亦设置4个微气候监测站，可向参观者提供实时环境信息。

下编

环境保护：我也能参与

跟随高老师和“环保卫士小分队”的小伙伴，我们看到，世界各国政府和人民在生态文明建设方面真是“八仙过海，各显神通”。不论是科技创新，还是动物保护，不论是建筑设计，还是旅游发展，都以“环境友好”为基本目标和指导思想。

环境的维护和美化，不仅靠政府和社会，更需要我们每一个人付出积极的努力。作为初中生，我们能做些什么呢？或许，我们无法做出什么惊天动地的大事，但不妨从我做起，从身边小事做起，比如节约每一滴水，爱护每一棵树，关心每一只动物，帮助每一个人……

“勿以善小而不为，勿以恶小而为之。”

环境保护，靠你，靠我，靠他。

拯救“生命禁区的精灵”

“夜幕降临了，汽车前灯亮了，成百上千头怀孕的藏羚羊向危险地带狂奔而去。枪声四起，藏羚羊嘶鸣不止。飞扬的尘土染成了粉红色。偷猎者驱车而去。一头藏羚羊苏醒时已经被剥去了皮，它不住地淌血。第二天，幼羚羊依偎在死去的母羚羊身上，吮吸着它冰冷的乳头……”

语文课上，杨老师正在讲解一篇阅读材料，名为《镜头下逃命的藏羚羊》。文中，一只幼小的藏羚羊把作者照相的架势错以为是射击的姿势，于是惊恐万分地逃命。读完这篇文章，不少同学心情难以平静，胡大头第一个跳出来提问：“这些藏羚羊太可怜了，为什么有这么多人捕杀它们？”

“你知道藏羚羊生活在什么样的地方吗？”杨老师没有直接回答胡大头，而是提了一个新问题。

“在青藏高原上。”胡大头虽然调皮，但知道的东西却不少。

“不错，藏羚羊主要生活在我国青藏高原，有少量分布在印度拉达克地区，这都是苦寒地带。藏羚羊之所以能在这么恶劣的环境中生存，全凭身上的绒毛，这种绒毛被称为‘羊绒之王’，不但保暖性极强，而且轻软纤细。很多富贵人家用藏羚绒织成一种叫‘沙图什’的披肩，非常精美华贵，大家都把这种披肩当成标榜身份、追求时尚的标志……”

“哦，怪不得他们要捕杀藏羚羊！”同学们恍然大悟。

“对，‘沙图什’披肩美了贵族，富了商人，乐了猎人，可害了藏羚羊！随着‘沙图什’贸易日益频繁，不计其数的藏羚羊成了罪恶时尚的牺牲品。到1995年，藏羚羊的数量从100多万降到了5万，藏羚羊的栖息地成为世界上最残酷血腥的屠宰场。”

“太残忍了！我还读过一篇文章，说一只已经怀孕的藏羚羊为了保护腹中的胎儿，向抬起猎枪的猎人流泪下跪，结果还是被狠心的猎人开枪打死了。”陆安琪义愤填膺地说。

“是的，我看过关于藏羚羊的纪录片。它们不仅体形优美、性格刚强、动作敏捷，而且天生机敏，听觉和视觉超级棒，看起来文文弱弱的，却能耐高寒、抗缺氧，在人迹罕至的地方飞身奔跑。那个纪录片把它们称作‘生命禁区的精灵’。可是，它们都在被猎人追杀，以后生命禁区还会有精灵吗？”全班公认的“博士”宋百科也忍不住插嘴。

“同学们的担心是对的，说明你们都有保护环境、爱护动物的意识。万幸的是，藏羚羊的不幸遭遇已经引起了政府部门和社会各界的关注。为了拯救藏羚羊，我国政府在藏羚羊的主要栖息地可可西里地区建立了国家级保护区，同时呼吁社会各界人士关注和保护藏羚羊。”

“我觉得光保护藏羚羊还不够，对那些捕杀藏羚羊的猎人一定要严惩！”胡大头正义感爆棚。

“当然会严惩。为了从源头上消除打猎活动，国家林业局发布《中国藏羚羊保护白皮书》，呼吁国际社会通力合作保护藏羚。另外，我国政府在华约第十一届缔约国大会上提交了《保护及控制藏羚贸易》提案，敦促各缔约国减少藏羚盗猎及其制品的走私，杜绝‘沙图什’加工，并严惩走私分子。这个提案也顺利通过了。现在，全世界都在一起努力，保护藏羚羊。”

“那这样的保护能起作用吗？”胡大头依然质疑。

“能啊，现在藏羚羊保护工作已经取得了阶段性的成果，藏羚羊的数量正在逐渐回升。但是，不得不承认，今后保护藏羚羊的形势将更加严峻：一方面，越来越多的牧户正在逐渐迁入保护区的核心区，占据了藏羚羊等野生动物的主要栖息场所和重要的水源涵养区，使野生动物的生存空间日益缩小；另一方面，‘沙图什’贸易并未完全得到禁止，今后很可能会面对更加隐蔽和凶狠的盗猎团伙。所以，我们的保护工作还是不能掉以轻心。”

“那怎么办？”陆安琪又紧张起来，“特别是怀孕的藏羚羊，它们行动不便，还有那些在妈妈肚子里的小藏羚羊，如果不保护好，它们还没出生就要被打死了。”陆安琪还是念念不忘藏羚羊胎死腹中的故事。

“大家别紧张，我们还是要对我们的保护工作有信心。在特殊时期，藏羚羊自然保护区的管理部门都会采取特别行动。每年 6 月至 8 月，藏羚羊的迁徙期、产仔期，还有年底至第二年年初，藏羚羊的交配繁殖期，管理部门都会组织武装巡山队开展‘保驾护航’行动，为藏羚羊营造‘安全通道’‘安全洞房’‘安全产房’……”

“也就是说，以后藏羚羊可以安心地结婚生孩子了？”杨老师还没说完，陆安琪就兴奋了。

“是的，所以大家要有信心呀，有了科学的管理和保护，藏羚羊会好好生活下去的。”

“哦，那就好……”大家松了一口气。

“同学们，这是语文课，大家还是先听杨老师讲课吧。”班长陈严肃站起来提醒大家，“保护藏羚羊的事，我们今天下午可以开班会讨论。快到6月了，我们可以给藏羚羊保护区捐款、写信，请保护区的专家们好好照顾藏羚羊。”

“对对对，有道理……”同学们纷纷响应。

下午班会课，大家果然踊跃为藏羚羊捐款，并且写信给自然保护区：“没有买卖，就没有杀害。保护美丽可爱的藏羚羊，是我们应尽的责任。这条路，依然漫长且艰难。但我们相信，只要全社会齐心协力，就一定能让藏羚羊平安地生活下去……”

知识链接

藏羚羊主要生活在我国青藏高原海拔4100至5300米的高寒区域，另有少量分布在印度拉达克地区。长期以来，藏羚羊是公认的青藏高原自然生态系统的重要指示物种，具有重要的科学和生态价值。

“垃圾出了车窗，就要自己捡回来”

周末，宋博文一家三口开车去郊游，老爸开车，老妈和博文坐在后排吃着零食聊着天，别提多开心了，直到——

“嗖”的一下，宋博文把刚喝完的矿泉水瓶扔出了车窗外。

“你干什么？！”老爸赶紧刹车，靠边停下。

“扔个瓶子啊。”宋博文不以为然。

“现在下车，捡回来！”老爸眉头紧锁，语气严厉，不仅宋博文吓着了，连妈妈都慌了。

“算了吧，这大马路上人来人往的，多不安全。”老妈替宋博文说话。

“不行，一定要让他下车捡。我以前还没发现，这小子素质这么差，一点公德心都没有！”老爸真的生气了，丝毫不理会老妈的“求情”。

宋博文原本还想说句软话，求父亲原谅，一听到“素质这么差”几个字，恼羞成怒，二话不说下了车，“砰”的一声关上门。

“你疯了？还真让孩子捡？！”老妈又气又急，对老爸吼叫起来，又担心儿子的安全，慌慌张张跟着下了车。

只见博文追着瓶子跑了几步，眼看着就要追到，可是瓶子偏偏被来来往往的路人踢了几脚，滚了两圈，居然不见了。等宋博文站定，四下张望，才发现瓶子已经到了马路中央。

“算了，别捡了，连人行横道线都没有，不要过去……”老妈踩着高跟鞋追上来，上气不接下气。

宋博文看了看，果然，前后都没有斑马线，只有呼啸而过的汽车。宋文博心里不免开始“咯噔”，忍不住要打退堂鼓，可是，一想到父亲严肃的眼神，他的倔脾气又上来了：“我去捡，反正这条路又不宽。”说着，直接过了马路，而瓶子却在不停地向前滚。

老妈魂飞魄散：“你们这一老一小简直疯了，多大点事闹成这样！”一边抱怨，一边硬着头皮跟在儿子身后。

宋博文还是绷着脸憋着劲向前冲，却被一把拽住。“小心车！”宋博文一回头，看见老妈惨白的脸。

一辆车从宋博文面前飞过，还能听见司机的吼叫：“臭小子找死啊！”

宋博文抿着嘴唇，一语不发。

好在，矿泉水瓶已被车轮碾压，静静地停在了他的面前。

“停车，停车！”妈妈帮儿子叫停正在靠近的车辆，宋博文趁机捡回了瓶子，然后又跟着母亲慢慢折回。

“吓死我了，吓死我了……”妈妈不停念叨，直到重新回到车里，妈妈依然惊魂未定，而宋博文还是不说话，把刚捡回的矿泉水瓶递给爸爸。

“扔到旁边垃圾桶里去！”爸爸又命令道。宋博文依言照办。

“知道我为什么要你捡瓶子吗？”爸爸发问了，宋博文依然沉默。

“你随手从车窗扔个垃圾，环卫工人就得冒着生命危险去捡回来，就像你刚才这样，哪怕车来车往，也得不顾一切地穿过马路，追着一个垃圾到处跑。如果他不把垃圾捡回来，整条马路就会变成一个垃圾场，人都没法走，车都没法开。你懂不懂？”爸爸非常激动。

宋博文想起刚才那辆车，几乎是擦着他的睫毛开过去的，忍不住眼圈一红。

“你还说？谁叫你让儿子去捡个破瓶子！刚才要不是我拉着他……”老妈心有余悸。

“妈，别说了，是我错了。”宋博文终于认错了。

爸爸叹了一口气：“也怪我，平时只关心你学习，没跟你强调这些，刚才看你捡瓶子，我也紧张……”老爸顿了顿，又说：“以后我车里放些垃圾袋，方便你们处理废物，就不要再从车窗乱扔东西了，下次再这样，还要让你自己捡回来！”

宋博文小声说：“下次不会了。”

知识链接

往车窗外抛出垃圾虽是一个小小的坏习惯，但是为了捡拾这些车窗垃圾，有不少环卫工却在马路上被撞伤撞死。向车窗外扔垃圾，扔掉的是自己的形象，扔掉的是他人的安全，扔掉的是社会的文明，扔掉的是环境的和谐。养成良好的开车乘车习惯，做文明人，行文明事，是每个公民应尽的义务和职责。

南极旅游，去还是不去？

“哇，你真去了南极啊？”“快看快看，这些小企鹅好萌！”“你看到海豹了吗？还有什么动物？”……

叶佳佳暑假跟着父母去了一趟南极，拍了不少旅游照片，拿到班上，引起了不小的轰动。同学们里三层外三层地围着她，有的翻看照片，有的问这问那，叶佳佳就像明星一样，接受大家的采访。

“企鹅当然萌了，特别是它们走路的样子，一摇一摆的。”叶佳佳说着，还并起双腿，摆好手势，学着企鹅的样子走了几步，逗得大家哈哈大笑。

“还有，他们遇到危险的时候更搞笑，连跌带爬，狼狈不堪……”

“海豹就是一副蠢蠢的样子，一看就是个逗比，不过游泳特别快，嗖的一下就不见了，属于‘灵活的胖子’……”

叶佳佳的照片和讲述，让在场的同学们个个羡慕无比，对南极又多了几分神往。尤其是徐璐，她从小就从图书和电视上得知，南极苍茫素净、一尘不染，宛若一个冰肌玉骨、遗世独立的仙子。她曾不止一次幻想亲眼看看壮丽秀美的冰川、一望无际的白雪，还有那些“很萌很逗比”的动物。

而这些，叶佳佳都见过了，徐璐却只能看她拍摄的照片。

徐璐满怀心事地回到家，犹豫再三，终于对爸爸开口了："我也想去南极旅游！"

爸爸愣了一下，然后问："我知道你很喜欢南极，可是你知道去南极旅游意味着什么吗？"

"意味着我可以登上那一片白色陆地，真真切切地感受冰川与白雪，看海鸟筑巢，观赏海豹游泳，亲手喂养憨态可掬的企鹅……"徐璐一口气把她脑海中放映了无数遍的场景都说了出来。

"我不是说这个，"爸爸打断了她的憧憬，"我是说，你去了，对南极意味着什么？"

"啊？"徐璐愣了，她可从来没想过这个问题。

"意味着南极又要多接待一位客人，多接受一份污染。"

"我不会污染南极的，我会注意保护环境。"徐璐赶紧辩解。

"可是，因为去南极旅游的人越来越多，南极的环境越来越差，这是事实。"

徐璐沉默了，她突然想起，叶佳佳的一张照片里，确实有个蓝色的易拉罐被扔在皑皑白雪之中。

"这些人太可恶了！"徐璐忍不住骂道。

"虽然旅游公司会立下许多环保规定，对游客三令五申，但还是有游客向海里排放排泄物，丢废纸、塑料、易拉罐、酒品和烟蒂等垃圾。而这些垃圾在南极几乎是不可分解的，因为那里天气极度寒冷，缺少细菌等分解者，因而这类行为会严重影响南极的生态环境。"

"那旅游公司不会管吗？"

"这些也只是规定，不像法律那样具备强迫性，况且旅游公司对客户在一定程度上还是会姑息迁就，所以如果游客不服从安排，那也是无可奈何的。”

“我一定不会那样做,我只是想去南极看看。”徐璐再一次表达愿望。

“去南极旅游这件事本身就会影响南极的环境，比如交通工具产生的噪音和燃油废渣、漏油以及污水排放，都会造成污染。对南极自然环境伤害最大的一项是登陆，特别是正在喂养的鸟类和其他动物，一见到陌生的人类，就会惊慌失措，甚至吃不好睡不好，要好几天才能适应人类的存在。”

徐璐低着头，半天不说话。一想到正在休息的企鹅会因她的到来而吓得连滚带爬，就像叶佳佳表演的那样，她就笑不起来了，虽然电视里企鹅憨态可掬的样子总能逗得她乐不可支。

爸爸见徐璐一脸失落的样子，摸了摸她的头，安慰说：“爸爸不是不让你去，只是把去南极可能造成的影响说给你听。你可以先考虑，如果还是想去，那爸爸就抽空带你玩一趟。”

徐璐摇了摇头：“我还是不去了，我希望南极还是那么美，不要受到更大的污染和破坏。”

知识链接

除了旅游项目给环境造成的影响外，开发南极旅游的过程中发生的一些意外事故也会给环境造成重大破坏，如：1979 年一架新西兰航空公司的旅行飞机坠毁在南极岛上；1989 年载有 80 名游客的阿根廷供货船在南极半岛触礁，泄露的 18 万加仑的柴油燃料造成磷虾和潮间带生物大面积死亡。值得一提的是，南极生态旅游的发展前景被环境保护组织拿来反对开采南极，也许这正是南极旅游到目前为止，对保护南极生态环境所做出的唯一贡献。

废电池都去哪儿了

随着“垃圾分类与再生资源回收”等各种宣传活动的举办，不少同学都知道了废电池的危害：废电池会污染土壤和水源，应该回收再利用。可是，我们收集的废电池应该交给谁呢？这些废电池最终的归宿又是哪里？

提出这个问题的是李明远，他的爷爷是个钟表师傅，这些年收藏了几千粒纽扣电池，这些电池都来自他的顾客送来的手表、计算器、遥控器等。

“一粒纽扣电池可污染60万升水，等于一个人一生的饮水量。”李明远说，“很早以前爷爷就看过这条宣传标语，他当时还特意指给我看了呢，我到现在都记得。”

可是，当李爷爷带着这将近十公斤的电池找人回收时，却遇到了不小的麻烦，不论是保洁员、环卫工，还是回收车辆、垃圾场，都拒收这一大袋电池。面临同样困境的，还有那些曾经积极开展过废电池回收的社区。

“我听我爸说，环保部门曾说过：家用电池已达到国家的技术要求，可以随日常生活垃圾一起处理，不用再集中统一回收了。”王启帆的父亲是环卫部门的公务员。

“可是，我看过一篇新闻报道，说所有废电池都有一定的环境风险，而且老百姓也不知道手里的电池是否含有有毒物质。再者，从资源利用的角度看，即便危险程度不高的电池，也可再生利用，如果仅被作为日常生活垃圾丢弃，太浪费了。”廖奇提出了反对意见。

同学们的议论引起了班主任周老师的注意。为了给同学们答疑解惑，她决定周末带着大家一起去街道社区一问究竟。

“这个我们也是要联系外面的回收公司，但还要看哪家愿意收才成。”一位居委会大妈这样告诉老师和同学们。

于是周老师又打电话给废品收购站的老板，连续联系了几家，得到的回答都是“我们回收的废电池仅限于铅酸电池，主要是汽车蓄电池和电瓶车里的电瓶”。

李明远急了：“那我爷爷辛辛苦苦收集的电池，不就只能砸在手里了？”

“别着急，我们再想办法。”老师和同学们安慰李明远，然后，周老师又联系了几位高校的专家。

“废电池是否回收，应该怎么回收，这个问题争议很大。”某环境学院的教授说，“有些人认为，很多老百姓并不清楚每种电池的区别。如果只单独回收某一类电池，还不如全部回收，否则就会不了了之；

可是，如果统统回收，成本又太高。”

“那到底谁该为废电池负责呢？”李明远问。

“我个人认为，目前电池行业可以做好销售环节的标记工作，标明可回收和不可回收，回收的各个环节也要紧密衔接，要让市民弄明白，而不是简单地摆个回收箱，什么电池都往里装。”

“对对，这个主意好。”李明远连连点头，又问：“那我爷爷收集的那些电池……”

“这样吧，你先送到我这里来，我给你想办法联系回收的地方。”

“真的？太好了，谢谢教授！”李明远感觉心情一下子轻松了不少。

“这个，你也别高兴得太早。直至现在，我们还没建立完整的废电池收集和处理体系，大量回收的废电池只能被填埋。”

“填埋？”李明远和其他师生又惊讶了。

“是啊，这个曾经影响广泛的环保行动，现在搞得越来越尴尬了。”

李明远沉默了，他一时难以接受这个结果：爷爷辛辛苦苦收集了多年的电池，无法得到妥善的回收利用，只能被填埋。

“小伙子，你也别难过。”教授安慰李明远，“在环保方面，我们确实有很多问题还是摸石头过河，所以政策有调整有改动也是很正常的。况且，我们有这么多热衷于环保事业的朋友，像你爷爷这样，从小事做起，一下坚持好几年的人还不止一个两个呢。我相信，以后废电池回收利用的问题总能得到解决，我们的环境总会越来越好。”

“嗯。”李明远情绪还是有些低落。

“你知道吗？北京有个姓王的老人，一直都在回收废电池，还自己出钱，租了一家废弃厂房，作为贮存电池的仓库。”教授神秘地告诉李明远。

“真的？那和我爷爷很像啊。”

“是啊，还有一位大学退休教师，听说电池会带来污染，就连夜赶制十多个废旧电池回收箱，固定在学校宿舍楼和家属楼外，并决定当一名废旧电池回收志愿者。后来，他每半月都集中收集一次废旧电池。”

“你看，这么多人都在积极回收废电池，所以你爷爷并不孤独。”周老师听了，也非常感动，拍了拍李明远的肩膀。

“好，我要回去告诉我爷爷。”李明远精神开始振作起来，“我还是希望，今后政府部门能制定明确的政策，让回收的废电池都能物尽其用，有个好归宿，不再污染环境。”

“好，这一点，我们搞研究的人都会努力，政府也一定会努力。”教授信心十足。

知识链接

我们日常所用的普通干电池，主要有酸性锌锰电池和碱性锌锰电池两类，它们都含有汞、锰、镉、铅、锌等各种金属物质，废旧电池被遗弃后，电池的外壳会慢慢被腐蚀，其中的重金属物质会逐渐渗入水体和土壤，造成污染。重金属污染的最大特点是它在自然界是不能被降解，只能通过净化作用，将污染消除。

黄沙百战穿“绿”甲

“大将筹边尚未还，湖湘子弟满天山。新栽杨柳三千里，引得春风度玉关。”赵轩端着书本，抑扬顿挫地朗诵完一首诗。

“哟，轩哥这诗读得真是‘杠杠滴’，给你32个赞！”“捧场王”徐小胖又来捧场了。

“嘿嘿，不是我读得好，而是左宗棠左大人写得好。”赵轩谦虚地笑笑。

“左宗棠？就是那个清朝著名大臣左宗棠？”徐小胖惊讶地问。

“对，就是他。诗中的‘杨柳三千里’，就是左大人在收复新疆失地的过程中率领湘军栽种的，为茫茫戈壁带来了勃勃生机。”

徐小胖啧啧称赞：“以前只知道左宗棠是大臣，会打仗，可不知道他还是个种树能手呢。”

“其实，不仅保卫疆土，收复失地是为民造福，植树造林，绿化边陲，更是一大功德。”赵轩指着书上的一段话，念给徐小胖听，“19世纪下半叶，当清政府面临内忧外患的危急时刻，身为陕甘总督的左宗棠，不顾个人安危，挂帅西征，亲赴一线，指挥清军一举剿灭了入侵新疆的阿古柏，并坚持斗争抗拒了沙俄的侵略，使大片沦陷的国土重新回到祖国的怀抱。当时左宗棠率领湘军从兰州出发，沿河西走廊一路前行，河西的基本地形是南高北低，西高东低。南面是祁连山，北部是巴丹吉林沙漠，东北为腾格里沙漠，西南是库姆塔格沙漠，河西走廊正处于我国三大沙漠之中，而且深居内陆，降水较少，植被荒芜，绿洲零星，加上连年战乱，百姓流离失所，大面积的田园荒芜，大片果园、树木被砍伐，生态环境遭到严重破坏，四野满目疮痍，让人不堪忍受。左宗棠深感百姓之苦，便动员湖湘子弟沿着甘新古道，在路边荒野广种榆柳，积极绿化，改善边疆的面貌。”

“我看看，我看看！”徐小胖伸过脑袋，继续往下念，“……其用意在于，一是巩固路基，二是防风固沙，三是限戎马之足，四是利行人遮凉。凡他所到之处，都要动员军民植树造林。据说当时湖湘子弟在栽种树木时，每棵树上都挂着写有栽种人姓名的牌子，负责保栽保活。在道路两旁新栽的树上还每隔一段距离就挂一盏灯笼，以免晚上车辆撞坏。”

读完，徐小胖连连感慨：“看来这个左大人种树可不是作秀，而是动真格呢。”

赵轩一脸严肃：“那当然，自古以来，在河西种树是最难的了，可是在左大人的严厉倡导督促下，没几年工夫，湘军将士们种下的柳树都长大成林，而且形成了道柳‘连绵数千里，绿如帷幄’的塞外奇观。

树成行，柳成荫，人们走在路上，都‘不见天日’，想想都觉得清凉舒服。”

“不光是舒服，你看，书上写了，这些柳树深深地扎根西北边陲，抵御着风沙，保持了水土，为防止土质进一步沙化发挥了重大作用。从吐鲁番到哈密这条古代丝绸之路上，一路瓜果飘香，人民安居乐业，柳树佑护着一代又一代新疆人民。”

“是啊，左宗棠不仅黄沙百战，还给茫茫戈壁穿上了‘绿甲’，他做了这么一件大好事，新疆人民都很感激他，把他和他的部下种的柳树称为‘左公柳’。算起来，到现在，左公柳有一百多年的历史了。”

“哇，那左公柳现在还在吗？”徐小胖又激动了。

赵轩摇摇头：“当年的左公柳由于种种原因，已经所剩无几了。在哈密市区东西河谷幸存下来的左公柳也为数不多。据说大部分是后人栽种，但哈密人依然把这些古柳统称为左公柳，并挂牌加以保护，以表达人们对左公的缅怀之情，同时也重塑对生态环境的敬畏之心。”

“啊？真可惜，我还想暑假去哈密旅游，看看那些左公柳呢。”小胖沮丧得直跺脚。

赵轩安慰他：“你也别难过，好在后来人们都有了保护树木的意识。20 世纪 50 年代，驻哈人民解放军在修筑红星渠时，发现有一些古老的柳树生长在渠边，有人主张挖除，但考虑到环境保护的重要性，还是自觉地把这些树保住了。每到夏季，这些古柳便撑起一片浓荫，供人们歇息纳凉。”

徐小胖点点头：“那还好，只是，现在河西地区已经不能只靠几棵百年古柳了，需要更多的人行动起来，积极参与植树造林，让黄沙穿上‘绿甲’，才能避免沙尘暴，继续传递左宗棠和潇湘子弟‘绿满天山’

的期待。”

“说到不如做到，要不我们现在就去种几棵树吧。”赵轩提议。

“没问题，我可是个种树小能手，哈哈。”徐小胖爽快地答应了。

知识链接

垂杨柳是河西地区春天返青吐绿最早、秋天落叶最晚的树种，而且容易存活，只要有水，即便折断枝条插在湿地也会再生，正如俗语所说：“有心栽花花不发，无意插柳柳成荫。”百年前的左宗棠正是发现了柳树的优点，才积极栽种，造福后人。如今，我们更要以他为榜样，牢记“木奴千，无凶年”的古训。

救虎才是英雄

“武松将半截棒丢在一边，两只手就势把大虫顶花皮地揪住，一按按将下来。那只大虫急要挣扎，早没了气力。被武松尽气力纳定，哪里肯放半点儿松宽。武松把只脚望大虫面门上、眼睛里只顾乱踢……”课间，张超一边读着《武松打虎》这篇课文，一边手舞足蹈地模仿武松的动作。

“这一段读得确实过瘾，武松太厉害了。”好哥们陈大胆凑上来和他一起对打，“什么时候我们也去打个虎，尝尝当英雄的滋味吧。”

“别胡说，现在不可以打老虎。”学习委员方静严肃地说。

“为什么不可以？你以为我打不过？”陈大胆还真是大胆。

“不是打不打得过的问题，而是现在法律规定了不能打虎。像东北虎、华南虎，都属于濒危野生动物，不仅不能打，还得重点保护呢。”方静耐心地解释。

“唉，看来我们想当英雄都当不了了。”张超和陈大胆互相看了一眼，唉声叹气。

“想要当英雄，你们可以救虎啊。”方静给他们出主意。

“救虎？”

“对，缅甸就有一位救虎英雄，艾兰·拉宾诺维茨博士。他是国际野生生物保护学会太区科学部主任。为了给老虎建立保护区，他多次前往胡康河谷考察……”

“胡康河谷是什么地方？”陈大胆打断了方静的话。

“胡康河谷在缅甸的最北部。第二次世界大战时，缅甸难民为躲避日军迫害，想要穿越胡康河谷逃往印度，结果全都葬身在那里，从此胡康河谷就有了‘死亡谷’的称号。”

“这么说来，胡康河谷埋葬了成千上万的死人？”陈大胆终于有些胆怯了，张超也觉得不寒而栗，脑子里幻想出满地的白骨和骷髅。

“是啊，艾兰博士为了拯救老虎，不顾个人安危，三番五次来到‘死亡谷’考察、探险，你们说，他算不算英雄？”方静严肃地问这两位男生。

“可是，都已经是‘死亡谷’了，怎么可能还有老虎？”陈大胆不服气，反问方静。

“因为这个‘死亡谷’其实是一片茂密的原始森林，野生动物随处可见，除了老虎之外，这里还生活着许多大象、花鹿、野猪、黑熊、珍贵的黑豹以及印度野牛，更令科学家们惊喜的是，这里还生活着一种濒临灭绝栖息在树上的白翅栖鸭……”

“哦，怪不得。那这些动物后来怎样了？”陈大胆和张超都开始关心起来。

“后来艾兰博士就努力促成野生动物保护区的建立啊。只是，这个过程并不是一帆风顺，后来在这片区域发现了一个金矿，附近一个原本只有500人的村庄迅速发展成1万人的重镇。当艾兰再次回去时，发现原本纯净的山谷已经垃圾遍地，而且还有环境问题和严重的捕杀现象，原本艾兰博士估计会有300~400只老虎，结果只剩下100只左右了……”

“那这些老虎没救了？”陈大胆越听越揪心。

“好在艾兰博士坚持了。他不但要说服贫穷的缅甸无条件划出两万平方公里的原始森林做保护区，还要协调反政府武装克钦独立军，还有生活在山谷里的两个部落苏族和加纳族……”

“那最后保护区建没建成啊？”陈大胆急着知道结果。

“建成了。在艾兰博士不懈的努力下，2004年，缅甸政府高级官员、各环保组织的专家、金矿矿主、苏族、加纳族代表和荷枪实弹的克钦独立军首领相聚密支那市政中心，共同商议，决定建立和发展胡康河谷老虎保护区，把面积扩大至两万多平方千米，并组织流动教育宣传队，提高村民的保护意识。”

“那就好，艾兰博士太不容易了，真了不起……”陈大胆和张超肃然起敬。

“不只是你们觉得了不起，缅甸的胡康河谷老虎保护区受到了全世界的好评，就连美国野生动植物保护协会的负责人都说：‘在保护老虎方面，缅甸政府比亚洲任何其他国家做得都要多，缅甸的计划是里程碑式的。’”

"那是不是有了这个保护区，老虎就能活得更好了？"

"那当然，现在胡康河谷已成为老虎绝佳的栖息地，如果管理得当，山谷中的野生老虎数量会成倍甚至十倍地增长，到时候，胡康河谷将成为拥有老虎数量最多的地区。"

"这些都是艾兰博士的功劳啊。"陈大胆真心佩服，"看来，现在已经不是《水浒传》那个年代了，我们不能随便伤害动物，打虎不是英雄，救虎才是英雄！"

"对，我们都要做救虎英雄！"张超强烈赞同。

知识链接

老虎是地球上体型最大的猫科动物，同时也是地球上最令人敬畏的食肉动物和最美丽的生灵之一。21世纪初，野生老虎面临着灭绝的黑色深渊。它们的主要敌人有三个：一是人类扩张导致的栖息地减少；二是贫困驱使下的疯狂捕杀猎物，致使老虎陷入食物匮乏境地；三是为了牟取暴利的偷猎行为。据估计，13个有虎的亚洲国家中，老虎数量不到4000只，但很多环保人士认为实际数量还要少上几百只。几十年来，环保人士一直对老虎的未来表示担忧，呼吁提高保护力度。

让鸟儿回家

“感觉农村就是比城市好玩得多，而且空气真新鲜，还有这么多小鸟。”周末，程凡跟着父母来到农村老家，这可是程凡最开心的时候了。这不，他正跟着妈妈一起在田间散步呢。

“你多逛两圈，说不定能发现宝贝呢！”妈妈笑着说。

走着走着，程凡忽然停下脚步：“怎么我感觉脚边上有鸟叫声？”

妈妈也停下来，侧耳倾听：“是的，快找找。”

程凡仔细辨别方向，然后拨开禾苗，在禾苗丛中看到了一个鸟窝。“找到啦，你快看！”程凡兴奋地大叫，可吓坏了鸟窝里的几只小鸟，只见它们惊恐地扑腾了几下翅膀，可惜还太小，没能飞起来。

“别怕别怕！”程凡一边愧疚地安慰它们，一边小心翼翼地把鸟窝端起来，捧在手心。“妈妈，你看，它们好可爱！”妈妈转过头来，仔细看了看，说：“应该是刚出生没多久的小鸟，这个鸟窝估计是被风吹落的，也不知道它们的妈妈在哪里……”

“你刚才还说会捡到宝，现在果然捡到宝了。”程凡兴高采烈地提议，“要不我们先把它们带回去养吧！”

“也好，要不然它们在这里也不安全。”

程凡和妈妈把一窝小鸟带回家，给了它们一点水喝，可它们不喝，给它们喂食，它们也不吃。

“你快吃啊！”程凡急了，抓起一只小鸟就要给它硬灌。

“你别吓着它！”妈妈连忙阻止。果然，小鸟像受到了巨大的伤害，居然用小嘴啄程凡的手指，然后扑腾着翅膀，逃到一边。

“你看你把它吓得，羽毛都掉了。”妈妈批评程凡。

“那它还啄我了呢。”程凡不服气地说。

“谁叫你喂个食还那么粗鲁？”妈妈耐心地劝说，“小鸟刚被我们带回家，还不熟悉环境，不吃不喝是很正常的。你如果对它们来硬的，它们只会觉得自己有危险，会更加缺乏安全感。”

程凡点点头，安静地看着这四只小鸟，只见它们蜷缩在一起，警惕地东张西望。

“你去拿个小碟子来，我们给小鸟做个食盆，它们饿了自然就会吃东西了。”

程凡听从妈妈的吩咐，给小鸟安顿好了食物和水。几个小时后，程凡又来看了一眼，小鸟们已经睡着了，而食盆里的食物也少了一些。

“看来小鸟已经吃过啦！”程凡高兴地向妈妈汇报。

妈妈笑了：“说明它们开始相信我们了。你知道人类为什么要保护小鸟吗？”

“因为它们能给自然界带来无限生机，给人类生活增添无穷乐趣。”

“没错，不过，还不止这一个原因，更重要的是绝大多数的鸟是益鸟，对维护生态平衡有利。”妈妈解释道，“比如：杜鹃有‘春的使者’的美称，一只杜鹃一年能吃掉5万多条松毛虫；大山雀是‘果园卫士’，一只大山雀一天捕食的害虫相当于自己的体重；猫头鹰被称为‘捕鼠能手’，它在一个夏季可捕食1000只田鼠，从鼠口夺回1吨粮食；啄木鸟堪称‘森林的大夫’，一对啄木鸟可保护500亩林木不受虫害；喜鹊一年的食物中，80%以上都是害虫；一窝燕子一个夏季吃掉的蝗虫，如果头尾连接起来，可长达3公里……”

“看不出来，小小的鸟儿也有这么大的本领啊。”程凡暗暗赞叹，又看了一眼那一窝熟睡的小鸟，再也不敢轻视它们了，“是不是每种鸟都会捕捉害虫呢？”

“也不是，有些鸟类虽然不吃害虫，但它们也有作用，比如很可能是花粉、树种的传播者。生活在热带的太阳鸟，经常在花丛中穿来穿去，起到传递花粉的作用。”

“这些小鸟真棒！妈妈，等这一窝小鸟长大一些，我们就放飞它们吧，让它们回家找妈妈。”

“很好。我们的家虽然好，但把小鸟留在这里，只会让它们受到约束。这不是小鸟的家，大自然才是，它们应该飞向更广阔的天空。”

知识链接

鸟的历史比人类历史还要悠久。地球上的鸟分游禽、涉禽、攀禽、鸠鸽、鹑鸡、猛禽、燕雀七大类。现在，全世界约有鸟类8600种。在鸟类最昌盛的时期，世界鸟类约有160万种。我国现有鸟类1175种，约占世界鸟类的13%以上，是世界上拥有鸟类种数最多的国家。爱鸟是一种美德。在英国伦敦，无论大人、小孩不但不打鸟，而且热情款待鸟类；在尼泊尔加德满都，乌鸦可以漫步街头，车辆也要闪避；在鸟的王国——斯里兰卡的首都科伦坡，街道两旁树上鸟窝累累，鸟从居民窗户飞进飞出。世界上已有20多个国家选定了国鸟，有的国家如日本还规定了鸟节。

少一道美食，多一只青蛙

“今天我们梦瑶得了作文竞赛一等奖，必须好好庆祝一下。”放学后，朱梦瑶的父母带着她来到一家餐厅，一家人兴高采烈，“想吃什么随便点，爸妈请你吃大餐。”

朱梦瑶不好意思地笑笑，乖巧地推让：“还是爸妈先点吧。”

“来个青蛙吧，你小时候特别喜欢吃，能吃掉一大盘。”妈妈接过菜单，很快就点了菜。

没想到，朱梦瑶却犹豫了：“这个，还是不要吧。”

“怎么了？”妈妈奇怪地问。

“这个，我听说，青蛙是好东西，能吃害虫。如果我们吃了青蛙，那田里就少了捕捉蚊虫的能手，害虫越来越多，那些粮食蔬菜不就遭殃了……”朱梦瑶吞吞吐吐地说出她的想法，把爸妈听得一愣一愣的。

“这孩子，怎么吃个青蛙还吃出这么多道理来了？”妈妈笑了，“这青蛙，你不吃，那别人也会吃啊。”

“别人吃，别人未必是正确的。我们管不了别人，总得管好自己，不能因为别人犯错误，我们就跟着犯啊。”朱梦瑶立马反驳妈妈。

“我觉得孩子说得对。”一直没说话的爸爸开口了，“孩子明白是非，还知道维持生态平衡，这很好。我们就听她的吧。”

“好吧，那都听你们的。”妈妈妥协了，“要说起来，青蛙确实是庄稼地里的功臣，听说，一只青蛙每天就能吃掉50多只害虫。”

“对啊，我记得我小时候在农村，到处都有一片片宽阔的水塘。一到晚上就听见阵阵蛙叫，热闹极了。”爸爸陷入回忆。

“是不是像宋词里说的‘稻花香里说丰年，听取蛙声一片’？”朱梦瑶笑着问。

“对对对，还真是那景象！可惜现在农村的田野少了，青蛙也失去了自由活动的天地，更有些人要把它们抓来做盘中餐……想想，已经有好多年没听到那么欢快的蛙叫了。”爸爸无不遗憾。

“所以啊，我现在都不吃青蛙肉了。小时候不懂事，只觉得青蛙肉好吃，后来才知道，一旦食物链中少了一环，整个生态系统的平衡都会打破，到时候，人类也不会好过。”

“说起生态环境，我又想到一点，其实，不吃青蛙还有一个理由。”爸爸补充道，“现在农村的水资源也被污染了，水体都富营养化；稻田中呢，又有很多农药残留。这些垃圾、农药，都会通过各种途径进入野生的青蛙体内，洗都洗不掉，我们要是吃了青蛙，搞不好都容易生病。”

“这么一说我想起来了，确实不是什么动物都可以吃。我记得2003年那会儿，‘非典’闹得多严重，听说就是因为有些人吃了果子狸，而果子狸身上就带着SARS病毒。虽然到现在我都不清楚‘非典’和果子狸到底有没有关系，但还是得了一个教训：不能贪图美味而乱吃乱喝，一定要把安全健康放在第一位。”妈妈也醒悟过来。

“没错，就比如青蛙，它身上就沾满了寄生虫，就算煮熟了也没法消除。人们吃了这些带虫的蛙肉，就很可能染上寄生虫病。”

“既然这样,我们吃些干净卫生的食物吧。”说完,一家人轮流点了菜。

朱梦瑶招手叫来服务员，递上菜单，特意说了一句：“我想提个小建议，希望你们今后不要再出青蛙肉这道菜了，可以吗？青蛙是国家禁止捕杀的保护动物，如果我们大量捕杀青蛙，会破坏生态平衡，对我们人类也没有好处。要是所有的餐厅、酒店都能注意这个问题，不再把青蛙当作美味佳肴，那青蛙能为我们捕捉更多的害虫，我们也会生活得更健康。”

服务员愣了一下，接着笑着回答：“好的，你说的有道理，我会跟我们经理反应这个情况的。”

爸爸妈妈相视一笑，一起给梦瑶竖起了大拇指。

知识链接

青蛙是两栖纲无尾目的动物，成体无尾，卵产于水中，体外受精，孵化成蝌蚪，用鳃呼吸，经过变态，成体主要用肺呼吸，兼用皮肤呼吸。两栖动物中的大多数种类已经在地球上衰落了，而使现生种类也迅速成为濒危物种的罪责则归咎于诸多方面，其中最主要的是频繁的人类活动和全球工业的急剧发展。一方面，它致使物种灭绝；另一方面，工业污染特别是化学工业污染，使生态环境恶化日益加剧，使湿地大规模遭到破坏。

不让“一次性方便”留下“永久性伤害”

中午，尚清华拎着好几份快餐急匆匆地往家里赶。原来，他和几个好哥们约好了，中午在他家吃饭，边喝可乐，边吹空调，边看 NBA 比赛。啊，想想都觉得舒服。

刚走出快餐店没多久，碰巧撞见了黄老师。

“打包带回去吃啊？”黄老师看了一眼尚清华手里摞得老高的快餐。

“是啊，跟几个同学一起，他们到我家来看球赛。”

“以后最好不要用这种一次性饭盒和筷子，如果要打包，还是自己带饭盒比较好。”黄老师皱了一下眉头。

“呃，这不就是图方便嘛，带饭盒多麻烦。”尚清华不以为然。

“方便是方便，可是这样对环境会造成特别大的影响，而且自己也吃得很不健康。”

“唉，不干不净，吃了没病。”尚清华依然一副无所谓的态度。

黄老师摇摇头：“先不说这种塑料快餐盒，就说那个一次性筷子，你回去可以把它们折断，用放大镜看看它们的横截面。”

黄老师说完，转身拐到另外一条路上。尚清华摸不着头脑，只好先回家。

“你怎么才来啊，都等你好久了。”老邓和刘光早已在尚清华家门口候着了。

“刚才碰到黄老师，和他多聊了几句。”尚清华开锁进门，两位好友也跟着进来。

“黄老师说这一次性筷子不好，叫我折断了看看。”说着，尚清华解开塑料袋，抽出一支一次性筷子，“啪”的一声折为两段。

“哎哎哎，你把筷子折断了，我们怎么吃饭啊？”刘光抗议了。

尚清华没说话，翻出一个放大镜来，仔细照着筷子的横截面：“我去，好恶心！”尚清华差点没吐出来。

老邓和刘光莫名其妙，接过放大镜和半截筷子：“怎么这么多猴子头啊？”

通过放大镜，确实可以看到筷子的横截面上有好多颜色深浅不一的“猴子头”，有鼻子有眼的，颜色深的地方甚至出现了点点暗黑。

“难怪黄老师说脏，我查查这都是什么东西。”尚清华端出 iPad，开始搜索，都忘了打开电视机看球赛。

不差不知道，一查吓一跳。原来，一次性筷子的生产过程是这样的：先砍下竹子，再运到工厂加工成竹筷，然后用硫黄熏白或者双氧水漂白，都不消毒，直接晾干烘干，就成了我们常见的一次性筷子。而竹筷子里的“猴子脸”，就是渗透到竹筷中的硫黄或者双氧水，等我们用筷子吃东西时，这些有毒物质也一起被吃进嘴里……

“受不了了，我都不想吃饭了。”三个小伙伴都没了食欲。

“不光是脏，而且这筷子都是用竹子或者木头做的，那得砍掉多少竹子和树木啊？”老邓问。

正说着，尚清华已从网上搜索到了相关资料：我国的森林覆盖率只有18%，土地资源严重沙漠化，但却是出口一次性筷子的大国。我们每年要生产450亿双筷子，需要砍伐2500万棵树，消耗林木资源500万立方米。一棵长了20年的大树，只够制造三四千双筷子。也就是说，我们一年要吃掉2500万棵树……

“那照这个速度，我们20年内就能砍掉所有的森林了！”老邓算了一笔账，不寒而栗。

“这还只是一次性筷子，还有一次性快餐盒呢。”刘光看了一眼堆在餐桌上的快餐盒，都不敢想象它们是什么成分。

“日常使用的塑料盒主要原料是聚乙烯和聚氯乙烯，当温度达到65℃时，一次性发泡塑料餐具中的有害物质将渗入到食物中，对人的肝脏、肾脏及中枢神经系统等造成损害。”老邓对着屏幕念出这段话。

“目前，中国的年塑料废弃量在100万吨以上，废弃塑料在垃圾中的比例占到40%，这样大量的废弃塑料作为垃圾被埋在地下，无疑给本来就缺乏的可耕种土地带来更大的压力。聚苯乙烯制造的餐盒降解周期极长，在普通环境下可达200年左右。如果有害物质超标，其危害更大……”刘光又念了一段。

“唉，这样的筷子，这样的快餐盒，都让人不敢吃饭了。”尚清华这才明白黄老师的劝说。

“不光让人吃不下饭，而且把生态环境搞得一塌糊涂。这些一次性餐具真是个糟糕透顶的发明。”三个人坐在沙发上，你一言，我一语，抱怨个没完。

“得，今天中午饭吃不下了，球赛也错过了。”刘光终于想起来了还有球赛。

“算了，今天也算有收获，知道了一次性筷子和饭盒的危害有多大，今后还是听老师的话吧，多用自己的碗筷，干净卫生，还不污染环境。”尚清华叹了口气，总结教训。

老邓和刘光一起点头：“确实，贪图一次性方便，最终要给地球留下永久性的伤害。这种事咱们可不能再做了。”

知识链接

白色污染是人们对难降解的塑料垃圾（多指塑料袋）污染环境现象的一种形象称谓。它是指用聚苯乙烯、聚丙烯、聚氯乙烯等高分子化合物制成的各类生活塑料制品使用后被弃置成为固体废物，由于随意乱丢乱扔，难于降解处理，以致严重破坏污染环境的现象。白色污染的主要来源有食品包装、泡沫塑料填充包装、快餐盒、农用地膜等。自2008年6月“限塑令”出台后，一些颜色各异、外形不同的以非织造材料为主的“环保袋”连续上市，在一定程度上得到认同。

抱熊，抱熊

兰岚最喜欢抱熊娃娃，她的熊娃娃大大小小共有几十个，小时候，她还常抱着它们睡觉，真是爱不释手，直到她在动物园见到真的黑熊——

“怎么？害怕啦？”妈妈见兰岚吓得连连后退，赶紧关心地问，“你不是一直喜欢熊宝宝吗？”

“不是，这个是真的，还会动，好像还好凶……”兰岚已经语无伦次了。

“你呀，就是叶公好龙。”妈妈忍不住调侃，“你别怕，可以走近一点看看它。黑熊行动谨慎而且缓慢，很少攻击人类，再说，不是还有笼子关着嘛。”

“真的吗？”兰岚半信半疑地走近了一些，仔细观察：只见黑熊体长大约相当于一个人，身材粗壮，全身黑亮，唯独胸口有一小撮白斑。圆圆的头上，耳朵特别大，眼睛却小得几乎看不见，裸露的鼻端倒是和自己的抱熊娃娃几乎一模一样。

“嘻嘻，它也挺萌的嘛……”兰岚顿时有了亲切感，“啊哟，它还会站起来！”兰岚又被吓了一跳。

原来黑熊忽然直立起来，似乎比兰岚还略高一些，胸口的白毛更加明显，大概像个字母“V”。

“是的，黑熊可以直立行走，它嗅觉和听觉很灵敏，但它视力差，你站在这里，它都不一定看得清，所以它有个外号叫‘黑瞎子’。”

“哦……”兰岚又放心了，壮着胆子向黑熊招手，“Hello！”

黑熊倒是不买账，扭头往回走了。

“哈哈，他果然看不清我！”兰岚得意了。

“黑熊是一种性情温和的哺乳动物，广泛分布在亚洲地区，可惜现在它们的生存境况十分危急，被《濒危野生动植物种国际贸易公约》列为一类保护动物，在我国属于二类保护动物。”

“为什么？有人要害黑熊吗？”兰岚紧张起来。

“是的，20世纪80年代初，朝鲜发明活熊取胆的办法后，养熊业迅速在亚洲兴起，每年有7000多只亚洲黑熊被关进400多个熊场遭受残酷的折磨。”妈妈拿出手机，搜索到一个视频，拿给兰岚看。

只见视频中，黑熊们被囚禁在一个小得无法翻身的铁笼里，只能保持侧卧或者躺卧的姿势。每只黑熊的腹部都有一个被人挖开的洞，一根金属导管直插胆囊，然后一个托盘在导管这头承接胆汁。黑熊痛得身体都扭曲了，还不时头部猛烈撞击铁笼。有些黑熊还穿着金属马甲……

“为什么给它们穿马甲？为什么这样折磨它们？”兰岚心疼极了。

“这些金属马甲就是用来约束它们行动的。你看它们只能这样躺着，可能这一个姿势一躺就是十几二十年。每天，每只黑熊都要承受2~4次这种被取胆的酷刑……”

“太残忍了……那黑熊还能活下去吗？”

“会很痛苦。这种酷刑不仅给黑熊带来巨大的疼痛，而且因为伤口永久不得愈合，会导致溃烂和出现肿瘤，生命受到严重威胁，熊场上的熊最多只能活它们正常寿命的1/3。即便侥幸活着，也是生不如死。”妈妈说着，声音也有些哽咽了，“另外，许多熊场还会别有所图，打着‘看黑熊表演，买熊胆制品’的口号，把自己包装成旅游景点。他们会向前来观光的游客推销熊掌，一旦游客同意，他们便提着刀子领着游客在熊场里挑选……”

兰岚这才知道，从小到大，她的抱熊都只是玩偶，真正的熊却在现实生活中饱受摧残，而她也从未真正“抱熊”。

“我们要救救黑熊！”兰岚坚定地说。

“当然要救，已经有人在行动了。有一位名叫谢罗便臣的女士，就曾为了拯救黑熊，把工作都辞掉了，和志同道合的朋友一起创办了亚洲动物基金会。”

“哇，这位女士真有决心。”兰岚忍不住赞叹。

“是啊，谢罗便臣是一位生活在香港的英国人。据报纸报道，有一次，她随团来到一个熊场参观，不小心误入熊屋，看见60多只铁笼，每个铁笼里都关着一只穿着铁甲的黑熊，每只熊的腹部都插着一根金属管，屋子里充满了黑熊的呻吟声、低吼声、咆哮声和撞击铁笼的声音。在她震撼未定之时，她的后背被轻轻拍了一下，她一回头，发现竟是一头母熊从铁笼里伸出前掌搭住她的肩，她本能地握住了熊掌，母熊也轻轻地捏了捏谢罗便臣的手心……”

“她敢跟黑熊握手？”兰岚又震惊了。

“这有什么敢不敢，你看黑熊都被害成这样了，它们哪里还会伤人，只会向人求救了。”

“嗯，也对。”兰岚点点头，“那谢罗便臣就决定帮助黑熊了吗？”

“对，原本她申请计划建立黑熊救护中心，可是5年了都没有得到足够的重视。谢罗便臣就决定自己来做。经过各种努力，2000年，谢罗便臣与中国野生动物保护协会以及四川省林业厅共同签署协议，由亚洲动物基金向释放黑熊的养熊场支付一定的经济补偿，四川省政府把关闭的养熊场的牌照交给亚洲动物基金，同时按照国家规定不再签发新牌照。三方还一致同意共同支持熊胆的替代产品的研究和生产，鼓励消费者拒绝使用含有熊胆原料的产品。”

“那就好，那就好……”兰岚长舒一口气，“以后，我也不能再叶公好龙了，我要广泛宣传，呼吁更多的人不再购买熊胆制品，让黑熊好好生活。”

知识链接

许多爱心人士和有志之士在得知黑熊的悲惨命运后，纷纷站了出来，为拯救黑熊于水火而奔走，并做出了重大贡献。2002年12月，首个黑熊救护中心“龙桥黑熊救护中心”在四川省新都市龙桥镇正式落成，这是亚洲最大的黑熊庇护所。中心里的100多位工作人员主要是外国专家和国内外志愿者，为彻底淘汰养熊业而共同努力。至2012年3月底，已有260只黑熊先后被送至中心，其中170只得到恢复，正在救护中心享受自由的新生活。

要跟古人学包装

“这么大的盒子，就包着这么小的月饼，太夸张了吧？”张萌失望地抱怨。快到中秋了，姑姑送来一盒月饼，原本值得高兴，结果拆掉层层包装，却只看见四块“袖珍”月饼，还没有一个拳头大，确实让人扫兴。

“你别说，这月饼价格还不便宜呢。”妈妈也无奈地摇头。

张萌仔细看了看，包装盒的四周还用金属镶了边，看上去还挺上档次，单说这成本估计就不少。

爸爸解释道：“这是很多商家一贯的伎俩，他们往往盲目采用上好的包装原材料，增加包装成本，有的甚至还在商品中附加高档礼品，礼品的价格是商品价格的几倍甚至几十倍。这样一来，商品价格自然就要噌噌往上涨。”

“这不是弄虚作假吗？”张萌有些气愤。

“对啊，这叫过度包装，用专家的话说就是：包装的耗材过多、分量过重、体积过大、成本过高、装潢过于华丽、说词过于溢美。”

说着，爸爸又拿出他朋友送来的烟、酒、蜂蜜、保健品等礼品，给张萌举例子：有的商品故意增加包装层数，在内包装和外包装间增加中包装，外观漂亮，名不副实；有的商品包装体积过大，实际产品很小，喧宾夺主；有的商品包装盒上的广告语明显夸大实际功效，真实性值得怀疑；还有的商品采用过厚的衬垫材料，保护功能过剩……这些都属于过度包装。

“这得浪费多少材料啊！”张萌忍不住叹气。这个由实木、金属制成的包装盒，里面还衬着一条精美的绸缎，实在是浪费资源，虽然好看，却不实用，最终还是要被当作生活垃圾处理，还因为体积过大，塞不进垃圾桶，又无法折叠，只能单独扔掉。

“别扔，留给我装资料吧，物尽其用，我们尽量不浪费。”妈妈见张萌把包装盒扔到墙角，又捡了回来。

张萌“哦”了一声，又看了一眼爸爸的朋友送来的各种礼品，说：“可是，我们总不能把所有的包装盒都留着吧？”

“唉，要是现代人的包装像古代那样实在就好了。”爸爸皱着眉头说。

“古代人还懂包装？”张萌和妈妈都来了兴致。

“不仅懂，而且相当高明。古时候，我们国家的瓷器要出口国外，这个你们都知道吧？那你想，瓷器是易碎品，当时运输行业又不发达，这些瓷器是怎么安稳地漂洋过海到达西方国家的呢？”

张萌和妈妈面面相觑，摇头不知。

爸爸开始揭秘了："其实，中国商人不光卖瓷器，还卖樟木箱和茶叶，这些东西在国外同样受欢迎。中国商人先在精雕细刻的樟木箱里填满上等的茶叶，易碎的瓷器就埋在茶叶里……"

"啊，这样就可以防震！"妈妈拍案叫绝。

"是的。海上运输，轮船都会颠簸。有了茶叶做填充物，瓷器就得到了保护。轮船上有很多用于装货的大箱子，都是钉在地板上的。商人们把樟木箱放进大箱子里，四周用次等的茶叶塞满。由于内外两层茶叶填充得非常紧密，木箱做得又结实，即使在海上遇到风浪，商家也可以高枕无忧。"

"太棒了，古代人真聪明！"张萌赞不绝口。

"还没说完呢。"爸爸笑了，"更绝的是，等货船靠岸，中国商人便把茶叶筛选分包，卖给茶商。小樟木箱被当成首饰盒，卖到各地古玩店，大些的便卖给欧洲人当茶几、橱柜，最后卖的才是瓷器。樟木箱和茶叶的利润，有时甚至比瓷器还高。"

"唉，相比之下，我们现在包装点东西，动不动就是纸盒、泡沫、胶带、塑料之类的，既不环保，又浪费资源，还增加了成本，最后这些成本又让消费者来承担，让我们花了不少冤枉钱。"古今一对比，张萌实在汗颜。

"不仅如此，还助长了奢侈浪费的风气。你看你姑姑送的月饼，这么好看的包装，送出来当然有面子。可是，如果人人都讲面子，攀比谁送的礼物包装好看，那不就越来越浮夸，越来越没有人情味了嘛。"爸爸倒是直言不讳地批评起了自己的妹妹，弄得妈妈赶紧来打圆场。

"我现在就打电话给姑姑，跟她说以后不用送这么华丽贵重的礼盒，简单实在点，多联系多走动，感情才会更深。”张萌说。

“好，女儿懂事了，你打电话说最合适不过了。”爸爸妈妈一齐表扬张萌。

知识链接

目前，国家已立法限制过度包装。新国标强制规定食品和化妆品销售包装层数不得多于3层，包装空隙率不得大于60%。这两条是为了限制包装体积规定的。体积过大既浪费材料，又占用运输空间和商场空间，造成相应费用和成本上升，而这部分成本最终都会加到销售价格上，由消费者承担。新国标还规定，初始包装之外的所有包装成本总和不得超过商品售价的20%，主要为了限制生产商用高档材质，如木质和金属材料包装商品，节约日益枯竭的自然资源。同时，针对饮料、酒、糕点、粮食、保健食品、化妆品等过度包装现象较为严重的商品，标准指标要求进行了相应调整。

像邓超那样保护海洋生物

“声呐太强，屎都喷出来了。”

电影《美人鱼》里，邓超亲自体验声呐的威力，结果被害得上吐下泻，这个情节把王杰瑞一家逗得哈哈大笑。

“不过，这部电影可不只是搞笑那么简单。”看完电影，爸爸对王杰瑞说，“它是要呼吁我们保护海洋的生态环境。”

“这个声呐探测设备真的会伤害海底生物吗？”王杰瑞问。

“声呐是利用水中声波对水下目标进行探测、定位和通信的电子设备，目前，各国海军进行水下监视主要就依靠声呐技术，但是声呐向海洋中发出的声波的确加剧了对海洋生物的危害。”

爸爸说着，把电影重新回放一遍，让王杰瑞看到邓超体验声呐实验的那个片段。王杰瑞这才注意到，影片中，有个日本女子说：“现在是可爱的金鱼。”等一放声呐，小金鱼被震爆，血肉模糊，死状惨烈。

而那位女子却用毫不在乎的口气笑着说“结束咯”。

“太残忍了，这样虐杀小动物！”王杰瑞义愤填膺。

“由于海洋环境的特点，声波在传播时会剧烈地衰减。为了增强声呐的作用，就必须在发射时提高功率，所以声源级通常都在一百多甚至几百分贝……”

听了爸爸的解释，王杰瑞顿时想象：声呐在海底制造巨大的噪音，伴随着低频声波，整个人的五脏六腑都被穿透……

“人都受不了，何况是美人鱼和小金鱼了。”王杰瑞又从电影里看到邓超狼狈地大小便失禁，只是这一次，他不再觉得好笑，而是为海底的动物深深地担忧。

“有些声呐虽然频率较低，但也影响了海洋中的哺乳动物，比如鲸鱼、海豚等。这些动物必须通过声音来进行交配、觅食和躲避天敌。声呐会干扰它们接收和发送信息，导致它们的活动出现异常，甚至死亡。”

说着，爸爸又从网上搜到几张鲸鱼尸体的图片给王杰瑞看。从图上可以看到，鲸鱼的脑膜有明显的出血痕迹，肝脏、肾脏等部位也有堵塞物。“科学家对这些尸体进一步解剖后，发现这些鲸鱼的听觉部位结构严重损毁，而所有的这些，都与声呐有关。”

“那有没有办法救它们？”王杰瑞急了。

“只能关停声呐。”爸爸说，“为了保护海洋生物，特别是海洋哺乳动物不受声呐的侵害，很多国家都有规定，在海洋哺乳动物经常出没的地区，要关停声呐。”

“哦，怪不得电影里邓超为了救美人鱼，承诺把声呐关掉。”王杰瑞终于明白了。

“对，电影里的邓超后来醒悟了，宁可放弃几百亿的生意，也要保护美人鱼。可是现实生活中，还是有很多人为了赚钱，试图用各种手段伤害鱼类，有些渔民不惜炸鱼、电鱼、毒鱼……”

“电鱼？就是背着一个匣子，连着两根鱼竿，在水里捞鱼吗？”王杰瑞打断父亲的话。

“对，那个匣子就是电鱼机。如果是传统的撒网捕鱼，还能‘抓大放小’，让一些小鱼苗得以存活，而像这样拿机器电鱼，几乎就是把小鱼小虾赶尽杀绝了。”

“这些人真没良心！”王杰瑞气愤极了，“上次我和几个同学一起钓鱼，还看到有几个人背着这样的机器，当时我还奇怪，原来他们这么狠，都不给小鱼留条活路。我们钓到了小鱼都不忍心，还会放生呢。”

“不仅小鱼会受影响，水里的其他生物也难以幸存，而且这样电鱼、炸鱼，还会对江河的水质造成伤害。”

王杰瑞平复了一下心情，说：“下次再看到有人用不正当手段捕杀这些鱼类，我一定举报他们！”

爸爸点点头：“对，不仅要举报，还要让他们受到教育，就像邓超在电影里说的：‘如果世界上连一滴干净的水，一口新鲜的空气都没有，挣再多的钱，都是死路一条。’”

知识链接

电鱼是一种严重破坏渔业资源和渔业水域生态环境的违法捕鱼行为。由于电鱼对渔获物没有选择性，在操作过程中，其扩散电流形成的电场带会给水域中鱼类和鱼类饵料生物带来毁灭性打击。同时，遭电击但未能捞取的鱼类沉入水中腐烂后，对渔业水域也会造成污染。因此，我国相关法律明令禁止这一做法。

落叶，是垃圾，还是风景？

“为什么要把落叶都扫掉呢？满地落叶，一片金黄，不正是秋冬季节里一种别样的景致吗？”

“就是就是，而且踩上去软软的，好舒服！”

秋天到了，学校组织一次清扫校园的活动，不少同学都乐意参加，可是几位女生却为扫落叶的事而嘀咕起来，这下班上可就炸开了锅。

“你们几个女生不就是不想扫地想偷懒呗，搞得这么矫情！”“大嗓门”余浩一上来就搞了个“阴谋论”。

“你才不想扫呢！我们是就事论事，这叶子扫了多可惜！”郑双双立即反驳。

“是啊，扫什么都好说，就是想留点落叶当风景。”连劳动委员张一倩也帮腔了。

“这个季节，除了叶子，还有什么可扫的，真搞不懂你们……”余浩对这群“矫情”的女生颇有意见。

“其实，我也觉得路边上留点落叶挺好看的……”没想到，一向劳动最积极的杨汉雄犹豫了一会儿，也“倒戈”了。

余浩鼻子都气歪了：“你个五大三粗的大老爷们居然也……”

正争论着，周老师走进了教室，同学们便停下来，找老师“评理”。

“哈哈，我们班同学很有审美情趣呢，我也很喜欢地上铺满落叶的感觉。”周老师笑了。

余浩可急了：“可是落叶是垃圾啊，垃圾不就应该扫掉吗？”看得出来，这是个理性派的代表。

“要说落叶都是垃圾，那也不太准确。你们知道落叶最终的归宿吗？”周老师卖了个关子。

“被扫进垃圾桶呗。”余浩又瞟了郑双双等几位“浪漫主义代表”一眼，“如果不扫的话，就留在地上咯。”

“如果不扫，落叶就会被众多真菌和细菌分解，最后融入泥土中，成为树木的肥料。”周老师耐心地解释，“有一句诗是这样说的：‘落红不是无情物，化作春泥更护花’。这句诗说的是落花，其实，落叶也是一样的，最终又能滋养植物。”

“看来，这些落叶不扫还是对的呀！”郑双双和张一倩等姑娘们可高兴了。

“切，这有什么好嘚瑟的，周老师说不扫落叶，那是因为落叶有用处，又不像你们，只知道看风景。”余浩不服气地“呛”她们。

“咦，我没有说不扫啊。”周老师又来个反转，还真让人跟不上节奏，“扫还是要扫的，毕竟要考虑现实情况。尤其是在南方这样潮湿的环境中，地上积的落叶太多，很容易打滑，万一让人摔倒了多不好；就算是在干燥的北方，也容易引起火灾。还有，如果是在大街上，遇到大风，落叶卷起来，都会挡住驾驶员的视线，开车都很危险。再说，踩的人多了，叶子就烂了，哪里还谈得上什么风景？”

“哦，有道理……”听了周老师一席话，大家纷纷点头。

“我也觉得，环卫部门都要求清洁工把落叶扫干净，那肯定有扫的道理，要不然大家都把落叶当风景，留着不扫，那环卫部门还能省钱省力呢，又何必多此一举。”马小虎来了个“马后炮”，倒也说得有几分道理。

这下，郑双双等同学也都心悦诚服地认错了。

“其实，你们也没有错，我都说了，我很喜欢你们的审美眼光，能在大自然中发现美，这是多么幸福的事啊。”周老师又笑了，“我刚才说的‘该扫’，是针对常有人走动的道路，要知道，在很多大学校园和公园里，人们会专门留出一小片区域不扫落叶，专门供人欣赏、拍照，别提有多美了。”

“哇，这么好！”郑双双眼睛一亮。

“是啊，以后我们找机会去看看！”张一倩也心动了。

“所以，落叶究竟是垃圾还是风景，这可因地而异。”周老师总结道。

“那现在我们还是应该把校园里的林荫道扫干净，让大家感觉安全、舒服。”郑双双扫落叶的积极性顿时大增。

“先别急，大家要记得，千万别把落叶扫进下水道，要不然一到下雨天，下水道一堵，那可更加脏乱差。”周老师考虑得特别周全。

“知道啦，我们都会注意的！”说着，同学们拿着大扫帚、簸箕，纷纷开始打扫……

知识链接

树木落叶是一种正常的生理现象，是树木对低温、干旱气候的一种适应性。秋天气温下降，光照时间缩短，树木根系的吸收能力和叶片的光合作用能力下降，不能满足树木生长发育。这时，树叶中的水分蒸发很快，但树根吸收水分的能力却大大下降，所以水分和养料供应不足。树木选择了“抛弃”树叶的方法，来减少水分蒸发，维持水分和养料，安全度过寒冷干燥的秋冬季节。

“清高”的不只是山水

“妈妈，世界上真有这么美的地方啊！”身处九寨沟的珍珠滩瀑布，罗方正只有一个感觉：“美 cry”！

只见上端的滩流在台面上急速下坠，注入下方丹祖沟，形成壮观的飞瀑。瀑布被形如新月的岩体分割为数股，或银帘飘飞，或白浪滚滚，或如珠似线，奔流而下，汇入涧底。耳边则是如雷般的吼声，震耳欲聋，势不可挡。

“那当然，我们现在站着的地方，就是激流的左侧栈道，是观赏瀑布的最佳位置。”因为水声太大，妈妈跟罗方正说话也只能靠吼了。

罗方正一抬头，瀑布溅起的水花在空中散落，在阳光的照耀下，闪着五彩的光芒，空气中蒸腾着神秘的雾气，竟让人感觉像来到了天宫。

“珍珠滩瀑布海拔 2443 米，水质又干净清澈，真可以算是个‘清高’的景点了。”妈妈停顿了一下，又说，“你知道吗？妈妈小时候喜欢看电视剧《西游记》，片头中，唐僧师徒牵马涉水的地方就是在这里取景的。”

“真的？那个版本的《西游记》我也看过，怪不得这景色看着有些眼熟。”罗方正说着，摆了个美猴王的经典造型。

“哈哈，看来你和妈妈没有代沟。”妈妈大笑起来。

“妈妈，水溅到我脸上了，好舒服！”罗方正乐不可支，伸出舌头舔了舔嘴边的水花，“还是甜的！”

“你看你，像个三岁小孩似的……”妈妈笑着摇头。

妈妈一句话，果然勾起了罗方正的童心，只见他二话没说，把上衣脱了。

“哎哎哎，你干什么？”妈妈奇怪地问。

“我想到珍珠滩里游个泳。”罗方正指着清澈的水笑着说。

“不可以，快把衣服穿上！”妈妈板起脸，严肃地说。

“为什么不可以？”罗方正不高兴了。

“要是人人都把这里当成游泳池，那这里的水还会这么干净吗？”

“这……”罗方正不说话了，尽管不情愿，还是老老实实穿上了衣服。

妈妈见儿子赌气不说话，便主动找他“搭讪”：“你看，瀑布被太阳照得好像无数颗珍珠一起闪，果然名不虚传……”

罗方正依然不为所动。

“不是妈妈不让你游泳，你要知道，有多少剧组要来九寨沟拍戏，人家九寨沟风景区管理局都不答应。”

“啊？”罗方正这下有回应了，“您刚才不是还说，《西游记》就是在这里取景的吗？”

“《西游记》那是20世纪80年代拍的，那时候妈妈还是小孩子呢。后来，也就是十多年前，有个古装戏的剧组在九寨沟取景拍戏，据说很不注意保护环境。短短一个月的时间，在他们的‘摧花辣手’之下，九寨沟的水资源遭到了严重污染，包括瀑布、地面青苔、植被，都被伤害得一塌糊涂。”

“太过分了，取了这么美的景，却让这里变得一团糟！”罗方正愤愤不平。

“对啊，尽管导演一再解释，但这件事在当时还是闹出了很大动静，事发之后没多久，九寨沟风景区管理局决定：从2005年起，为了保护九寨沟的原生态自然风景，严厉禁止电影、电视剧组到九寨沟拍戏。”

罗方正沉默不语。又有水花不时打在他脸上，湿漉漉，冰凉凉，简直有说不出的束缚。他知道，这都是九寨沟风景区管理局以及无数游客共同努力，才得以留存这样的美景。

“可是，电影和电视剧对一个地区的风景有很大宣传作用啊，如果不让剧组进来拍戏，那九寨沟不就失去了很多做宣传的机会？”罗方正又有疑虑了。

“这一点人家早就想到了，所以政府规定：对有利宣传、保护九寨沟风景的电影、电视剧组，只有经过严格审核后，才能进来拍摄。”

“哦，那还差不多。”

“九寨沟还是很有远见和魄力的，你想，如果每个剧组都来拍戏，留下一堆污染物，那九寨沟就算赚到了再大的名声，又有什么用呢？相反，如果安安静静地守护这一方净土，就算别人不给宣传，那知名度也不会小。你看，不是还有这么多人来旅游吗？”

罗方正点点头，确实，来来往往的游客络绎不绝，个个都喜笑颜开，沉醉于九寨沟的山水之中。

“九寨沟的山水‘清高’，保护环境的决心更加清高！”罗方正说，“我也要保护九寨沟，不给它添脏添乱！”

“哈哈，这才是我的好儿子。”妈妈高兴地摸了摸罗方正的头，抬头看，只见空中的“珍珠”更加耀眼了。

知识链接

“黄山归来不看山，九寨归来不看水。”作为四川省的著名风景区，九寨沟一直以水为傲。九寨沟国家级自然保护区位于四川省阿坝藏族羌族自治州九寨沟县境内，是中国第一个以保护自然风景为主要目的的自然保护区，也是中国著名风景名胜区和全国文明风景旅游区示范点，被纳入《世界自然遗产名录》、“人与生物圈”保护网络。九寨沟是一条纵深50多千米的山沟谷地，总面积650.74平方米，大部分为森林所覆盖。因沟内有树正、荷叶、则查洼等九个藏族村寨坐落在这片高山湖泊群中而得名。2009年，瀑宽320米的诺日朗瀑布入选中国世界纪录协会中国最宽的瀑布。

森林狂想曲

“这是什么曲子？这鸟叫声模仿得太像了！”周末的晚上，妈妈一边做家务，一边听着手机里的音乐，没想到，一向对音乐没什么兴趣的潘乐忽然被吸引了。

“这可不是用乐器模仿的，这是真的鸟叫。”妈妈笑着说，见潘乐一副难以置信的样子，又补充了一句，“你再听听，不只有鸟叫哦。”

潘乐竖着耳朵听，只听出了在笛子等传统乐器的演奏中，不时穿插着鸟鸣、蛙叫、流水等大自然的声音，虽难以一一识别这些声音，但听起来只觉得有说不出的舒服和愉悦，恨不得立刻投入大自然的怀抱，尽情奔跑欢笑。

“这张 CD 凝聚了好多人的心血，荒野探险家、自然录音专家、自然观察家、音乐制作人吴金黛、曲作家以及演奏家，这么多人齐心协力，花了 5 年时间，才创作出这么一张专辑……”妈妈侃侃而谈。

“花这么长时间？还把什么荒野探险家都拉扯进来了？”潘乐大惑不解。

“对啊，这张专辑是专为台湾森林量身打造的自然音乐创作。说起来，还有个故事呢：有一天，音乐制作人吴金黛在电视节目里看到，一种体积很小的鸟类因为森林被开垦而失去栖息地，不能做窝孵蛋，即将面临绝种。吴金黛眼眶不禁湿了好几次，一种对自然的感动与保存之心油然而生。再加上当时台湾正好发生栖兰山桧木遭滥垦滥伐的事件，吴金黛便萌生了保存台湾森林原始声音的想法。为了收集声源，他还拉上荒野保护协会理事长徐仁修帮忙。为了做到尽善尽美，这些专家深入台湾的山林进行实地录音，共收集了近100种台湾的自然声音。”

“有100种？”潘乐惊呼，“我只听出了几种啊。”

妈妈笑了：“这100种声音几乎可以说是包罗万象了，比如鸟类、蛙类、蝉类、虫类、猕猴、飞鼠、溪流、山羌……”

“山羌是什么？”潘乐感觉自己智商都不够用了。

“这是一种动物，也就是小黄麂，看上去有些像鹿，是台湾特有的珍稀野生动物，你见都没见过，肯定听不出它的声音。”

潘乐惊讶得说不出话来，她还是第一次知道有这么充满创意的制作概念，把大自然的声音录下来，和各种乐器的演奏融为一体，而且节奏、调性相合无间……直到一曲终了，依然意犹未尽。

“妈妈，您再重放一遍吧，还想听！”

“你刚才听的只是这张专辑里的第一首呢，难得你有兴致，那就再听听吧。”说着，妈妈拿起手机，重新播放。

潘乐调动所有的音乐细胞，细细品味：在柔和的月光下，蟋蟀和蛤蟆首先开唱了，然后是很轻盈的钢琴声来为它们助兴，接着，更多的声音随之而来：小虫小蛙开始对唱，小提琴也低调地响起，伴随着“风吹草动”，老鼠探出了头，引来了猫头鹰……这些原本未必能够同时出现在一个时空中的大小生命，却同时现身于大自然的舞台，各自组队，不遗余力地欢快对飙，一场活泼而又盛大的森林舞会愈演愈烈……直到“舞会”结束，青蛙和知了都悄悄收声，潘乐依然沉浸在大自然的热闹气氛中无法自拔。

“这种自然不只是来源于音乐里面穿插的猴子叫、鸟叫，而是源于音乐所营造的氛围，让人听着这音韵和节奏就蠢蠢欲动，想搬到乡下去住！”潘乐这几句点评，已经用尽了她全部的音乐审美能力了。

“有个词叫‘天籁’，说的就是你现在表达的这一切。”还是妈妈表达能力强。

“对对对，天籁！原来优质的音乐这么美妙啊。”

“不是音乐美妙，而是大自然赋予我们的生命力能激发艺术家的创作灵感。”妈妈纠正潘乐的说法，“乐器的音色不会有自然界的声音那样通透纯净，再高明的作曲家、演奏家，也敌不过大自然的声音，像这些鸟叫虫鸣，都是无法模仿的，即便是风和水这种没有生命的东西，也因为它的自然而难以复制。”

接着，妈妈又带着潘乐听了同专辑中的其他几曲，如《夜的精灵》里，动物与蛙虫组成了“打击乐团”，《野鸟情歌》中，台湾画眉、溪水声与大提琴弦音水乳交融，《日安，亚热带》中，钢琴和水声谱成的安宁让人真心感觉岁月静好……

“妈妈，今晚我不只是爱上了音乐，我更爱上了音乐的起源——大自然！以前听老师说保护环境保护森林，我还觉得好假，可是现在真的感觉大自然太美妙了！”

“哈哈，有这个觉悟就好。森林可是陆地上最复杂的生态系统，更是‘地球的基因库’，所以才有各种会唱会跳的动物。为了今后还能在森林中听到动物们的狂想曲，我们要努力保护他们的家园。”

知识链接

森林生态系统是全球生物圈中重要的一环，其单位面积的生物量远远大于其他陆地生态系统。森林还是“地球之肺”，每一棵树都是一个氧气发生器和二氧化碳吸收器。一棵椴树一天能吸收16公斤二氧化碳，150公顷杨、柳、槐等阔叶林一天可产生100吨氧气。城市居民如果平均每人占有10平方米树木或25平方米草地，他们呼出的二氧化碳就有了去处，所需要的氧气也有了来源。

地球一小时，为了什么

“为了应对全球气候变化，世界自然基金会提出了一项全球性节能活动‘地球一小时’，提倡每年三月的最后一个星期六晚上 20:30，家庭及商界用户关上不必要的电灯及耗电产品一小时，以此来表明他们对应对气候变化行动的支持……”转眼间，到了三月的最后一个周末，星期五的班会课上，周老师正在号召大家参与“地球一小时”活动。

“老师，我觉得这样的活动并没有作用！”正在多数同学连连点头时，忽然传来一个极其“不和谐”的声音，大家扭头一看，原来是“犀利哥”张中和。

只听张中和继续说道：“毕竟关灯的人只能节约自家的电，发电厂的机器还是在正常地运转，就算全世界都同时关灯，发电工作也不能停，发出的电并没有节约下来。那我们参加这种熄灯活动又有什么意思？”

同学们都听得一愣一愣的，暗自感慨“犀利哥”这种观点实在“政治不正确”，可是却又好像有点道理。

正当大家发愣时，“犀利哥”的好哥们王烈也站起来了：“我支持张中和。去年我就看过很多人在‘地球一小时’活动时熄灯，结果呢？他们又去点蜡烛！烧蜡烛发光跟烧煤发电本质上是一样的！而且蜡烛燃烧的过程中会产生大量的二氧化碳，一边制造温室气体，一边却呼吁关注气候变化，这也太讽刺了吧？与其这样，还不如让大家全部开灯！”

这下，班上又炸开了锅，同学们都窃窃私语，发表看法。

“好像是耶，有些人还特别喜欢点蜡烛，说是什么浪漫、有情调，我真担心蜡烛点多了会引起火灾！”“乖乖女”秦文雅也忍不住小声嘀咕了一句。

“这么一说，我也觉得什么‘地球一小时’就是作秀！”同桌龚家骏也皱着眉头回答。

“老师，我也不赞成‘地球一小时’活动！”发言的竟然是班长陈严肃，这下，大家更是嘘声四起。

“你不一向都是老师的跟屁虫吗？居然也有反对的时候！”“大嗓门”余浩又带头起哄了。

陈严肃没有理会同学们的非议，不紧不慢地说：“我平时会随手关灯，空调从来不会开太低的温度，打印复习资料都是双面打印，洗手后都是自然风干，不会浪费纸巾，出门都是坐公交和地铁，几乎不打车……我觉得我每时每刻都很注意环保，而不需要赶在‘地球一小时’这一小时里凑热闹。我也不认为在这一小时里熄了灯的人就一定是个环保的人。”

话还没说完，刚才起哄的同学们都安静了，谁也没有再插嘴，因为大家都看得到，陈严肃的确在这些小事上做得非常到位，而他能公然“顶撞”老师，却又有理有据，更加让人佩服。

“我也认为陈严肃说得好。地球明明是 365×24 小时的，怎么可能只靠‘一小时’来保护呢？环保不是一时图新鲜凑热闹，而是要改变我们每天的生活习惯。”张一倩站起来，力挺陈严肃。

“唉，上次为了扫不扫落叶大家争得不可开交，现在又是地球一小时……”余浩又嚷嚷起来，却招来不少同学的白眼。

一直没说话的周老师摆摆手，示意大家安静，然后说：“刚才很多同学诚恳地谈了自己对‘地球一小时’的看法，认为这个活动没有作用，是作秀。我想知道，有多少同学和这几位想法一致？”

同学们面面相觑，犹豫了一会儿，陆续开始举手。

周老师看了看，说：“全班 52 名同学，只有六七位没有举手，那你们是支持‘地球一小时’活动的，对吗？”

大家看着刚才没举手的那些同学，只见他们扭捏了一下，不置可否，气氛有些尴尬。

终于，宋博文站起来：“我支持！”又让大家吃惊了一回。

“好，那你说说理由吧。”周老师说。

“我觉得，‘地球一小时’并不是为了省电，而是想让大家知道，没电的生活是多么可怕。如果我们的能源用完了，没法发电，那么整个世界都一片漆黑。熄灯的这一小时里，大家肯定会觉得难熬，这样就会明白能源的重要性，也就会明白能源短缺所造成后果。”

“呃，好像是……”有些同学已经明白了宋博文的意思，立场开始动摇了。

“你为什么会这样理解‘地球一小时’的初衷呢？”周老师笑着问。

宋博文有些不好意思了，但还是鼓足勇气，讲述了自己的故事：“有一次，我爸开车带我出去玩，我随手从车窗外乱扔了一个矿泉水瓶，结果我爸硬是要我把瓶子捡回来。我为了捡那个瓶子，过马路时差点被车撞……”

“哦……”班上又是一阵哗然，“怎么像《奇葩说》似的，双方辩论，还动不动现身说法讲故事……”好在周老师及时制止了，鼓励宋博文继续说完。

“我后来明白了，我爸不是真的要追究那个瓶子，而是要让我知道，环卫工人为了捡这种车窗垃圾，要冒多大的危险……”宋博文说着，声音小了许多，“所以我觉得，‘地球一小时’也不是为了节省那一小时的电，而是让大家有个亲身体验，然后明白浪费能源会带来怎样的恶果……”

听了宋博文这番话，全班同学再次陷入沉思……

“啪啪啪”，周老师带头鼓掌，紧接着，全班响起雷鸣般的掌声。

“老师，宋博文这个故事让我想明白了，省电不是目的，目的是呼吁大家增强环保意识！”张中和总算能“中和”了。

“不错，宋博文讲了他的亲身经历，我非常感动，也正好把我想说的话说出来了。这个活动是为了使公众认识到保护地球的重要性，在平常的生活中，就养成环保的好习惯，像我们班长就是个好榜样。”

憨厚的班长害羞地低下了头：“老师，我一开始都理解错了这项活动……”

“没关系，大家对环保问题有自己的认识和看法，说明你们是真的用了心。既然现在大家都理解了活动的意义，那明天晚上的‘地球一小时’我们都参加吧！”

“好！”全班同学异口同声，再无异议。

知识链接

“地球一小时”活动首次于2007年3月31日在澳大利亚的悉尼展开，一下子吸引了超过220万悉尼家庭和企业参加；随后，该活动以惊人的速度迅速席卷全球。“地球一小时”是地球停电休息的一小时，是黑暗中寻找光明的一小时，是地球人反思的一小时，是能够医治创伤的一小时，同时也是需要创意的一小时。围绕这黑暗中的一小时，全球出现了许多优秀而精彩的创意方案。

小象，放心长牙吧

“看，好大的象牙！”在自然博物馆里，几名同学围着一根象牙啧啧称奇。只见这根象牙约有 1 米长，质地坚硬，虽然有多处黄黑色的斑纹，但依然显得光滑细腻。

“听说一根象牙能卖好多钱呢，像这么大的，估计要好几万！”丁磊说道。

“对，象牙经常被用来做奢侈品，也正因为如此，大象不断遭到捕杀，现在大象的数量已急剧减少。”博物馆讲解员的话，让大家心情沉重起来，丁磊吐了吐舌头，不吱声了。

接着，讲解员给同学们看了一组图片，更是让人心痛不已。

照片中，一只巨大的大象静静地躺在河畔，整个面部连同鼻子和牙齿，一起被残忍地砍下，血水把河水都染红了。

“这只大象生活在肯尼亚，名叫萨陶，曾是世界上体型最大的大象，它的象牙每根超过 45 公斤重，都快拖到地上了……”

“一根牙就 45 公斤，比我人还重！”邓海晶尖叫起来。

“是的，你们看，这是萨陶生前的照片。”讲解员指着另一张照片，只见萨陶和其他大象一起结伴到水边玩，一双能触及地面的长牙让它格外引人注目，威风凛凛。

“正是这对珍贵的象牙，给萨陶招来了杀身之祸。尽管它很有灵性，知道用草丛遮掩象牙，但还是逃不过残忍的捕杀。”讲解员遗憾地说。

“好可怜，躲都躲不掉……”同学们都不忍再听。

“对于人类来说，长牙是件好事，可是对于大象来说，一旦开始长牙，就会被猎人盯上。”讲解员指着一幅漫画给同学们看。

漫画中是一对象母子的对话。小象兴奋地说：“妈妈快看，我长牙了！”妈妈却一脸忧愁。小象依然欢快地重复着：“妈妈，我长牙了，你看看我吧。”妈妈仍然高兴不起来。小象很沮丧：“我长牙了，为什么妈妈却一点都不开心呢？”

“因为妈妈怕小象被捕杀……”刘素琦想想都心疼。

“大象被捕杀，这只是在个别地方吧？我听说很多国家还把大象作为神灵的化身呢，比如印度就是。”朱盛煊说。

“你说的那是以前，现在的印度也把他们这个传统给弄丢了，人和大象已经走到了对立面。人和大象互相挤占生存空间，每年都有一定数量的印度居民和大象在冲突中丧生，并有大量的经济作物遭到破坏。在冲突中，大象注定是失败更惨的一方，加上盗猎行为，大象的数量越来越少。”

讲解员给大家看了一段资料：以印度亚洲象为例，这是世界上仅次于非洲象的第二大陆地动物，一般身高约 2.9 米，体重可达 6 吨，一天要消耗 200 公斤左右的食物。对食物和生存空间需求如此巨大的大象，在拥有 10 亿人口的印度，其生存形势之严峻不言而喻，双方冲突之剧烈也可想而知。此外，由于印度的交通状况差，大象在迁徙途中的安全常常受到威胁，经常发生火车、卡车等交通工具撞死大象的事件。有时候还会因为迁徙的路线被人类的围篱截断，大象必须绕远路，其中也有许多因为体力不支而死亡。

“还有我们刚才说的‘杀象取牙’的现象，在印度也同样存在。”讲解员的话，让大家对大象的生存环境倍感担忧，大家一边责骂那些凶残的捕杀者，一边同情连长牙都开心不起来的小象。

“象牙有什么好，以后我坚决不买！”丁磊气愤地表态。

“我家里还有一件象牙装饰品，听说是别人送给我爸的，我要回去跟他说，以后不管谁送的，都不收了！”刘素琦也表态。

朱盛煊沉思了一会儿，说：“不买象牙只是一种消极的保护方式，大象现在的处境，有没有人采取更有效的措施帮助它们呢？”

“也有，现在印度政府就制定了一系列措施，比如开辟新的大象保护区，退耕还林，大量种植大象喜食的竹子、野芭蕉等等。另外，中国也已经临时禁止象牙贸易。”

“那还不错。不过，临时禁止还是不够，要永久禁止才好。”朱盛煊一脸严肃。

“是的，好在世界各国人民都已开始关注大象的安危，相信今后它们会越来越安全。”

“那就好，我们要让小象放心地长牙，平安地长成大象！”小伙伴们这才露出舒展的笑容。

知识链接

人象冲突其实是栖息地的冲突，随着人类活动范围的增大，大象的活动范围不断缩小，而与人接触的机会又不断增多，人象冲突就难以避免了。西双版纳勐腊县的一家农场就曾有过野象杀死女工的事件。据说，那里原本是个“象窝子”，开垦后，大象便开始攻击人类，还经常把怨气发泄到人们搭建的草棚上。由此可见，大象的复仇来自它的意识和情感。这也间接地提醒我们：在人类发展过程中，必须考虑到包括大象在内的动植物的生存空间。

电梯省电有学问

周末，洪少祥陪妈妈去超市，刚出家门，走进电梯，碰巧看见隔壁的陈奶奶也在换鞋，准备出门。洪少祥没有着急下楼，而是摁住电梯的开门键，直到陈奶奶穿好鞋子，锁好房门，进了电梯，才关门下楼。

“这孩子真懂事，以前我住老房子，有些年轻人嫌我们年纪大，动作慢，坐电梯都不等我们的。”电梯里，陈奶奶夸奖洪少祥。

“都是邻居，互相等一等，行个方便，也不碍事。”妈妈笑着说。

“而且大家一起上下楼，电梯就能少跑一趟，还能省电呢。”洪少祥补充道，“像我们小区里的这种电梯，载重为 1000 千克，运行 1 小时耗电 15 度，也就是说，4 分钟就会用掉 1 度电。如果电梯中途多次开门关门，还会增加额外的耗电。”

“4 分钟，那岂不就是上下一趟？”陈奶奶问。

“对，20 层的电梯，上下一趟就要消耗一度电，排放的二氧化碳就有 0.79 公斤，二氧化碳多了就会造成温室效应，天气就会越来越热，环境也会产生变化……”洪少祥侃侃而谈。

“哎哟，这我还真不懂。小伙子真不错，小小年纪，又有礼貌，又有知识，将来肯定有出息。”陈奶奶夸得洪少祥脸都红了。

“这都是他们课堂上学来的，他回来还跟我们讲。所以，我们现在乘电梯，如果电梯里人少，就喊一声或者等一等后面的人。这样，不仅能促进邻里关系，而且还能省电，多好啊。”妈妈笑着回答，说得陈奶奶一个劲点头。

“其实，我更喜欢走楼梯，反正住的楼层又不太高，还能活动腿脚，今天是为了陪老妈才坐电梯的。”洪少祥对妈妈卖了个乖。

“哈哈，你说得对。我年纪大了，膝盖受不了，只能坐电梯。要是在年轻的时候，我也喜欢自己走。那时候也没什么电梯，不像现在这么方便。不过电梯多了，也确实耗电。”陈奶奶颇有感慨。

“没事的，您不方便走动，那就坐电梯，以后我多走楼梯，这不就把电省回来了！”妈妈笑着和陈奶奶开玩笑。

说着，电梯到了一楼，妈妈和洪少祥向陈奶奶告别，朝超市走去。

到了超市，妈妈看着各处的扶梯、直梯，问洪少祥：“小专家，超市里的这些电梯能怎么省电呢？”

洪少祥思考片刻，说：“直梯比扶梯要省电一些。假如能把顾客一口气带到顶层，然后一层层走楼梯来逛商场，这要减少多少碳足迹啊。”

“可是，如果这样的话，大家就不方便‘逛’超市了，那超市可就亏大了。”妈妈笑着说，“逛得越多，买得越多。这可是‘购物心理学’呢。”

“所以啊，真要节能减排，还得商家舍得付出代价。”洪少祥撇撇嘴，又说：“或者采用变频调速装置，这样一来，电梯乘坐起来不仅会舒服得多，而且能节约相当可观的能源。”

“那我们现在是坐扶梯还是坐直梯？”妈妈问。

“哈哈，你刚才还跟陈奶奶说要多走楼梯呢！”洪少祥开始监督妈妈了。

“好，听你的！”

妈妈说到做到，带着洪少祥开始了愉快又低碳的“周末大采购”。

知识链接

电梯问世的150年间，经过了多次加工和改造，电梯的材质多样化，样式由直式到斜式，在操纵控制方面更是步步出新——手柄开关操纵、按钮控制、信号控制、集选控制、人机对话等。多台电梯还出现了并联控制，智能群控；双层轿厢电梯可以节省井道空间、提升运输能力；变速式自动人行道扶梯节省了行人的时间；扇形、三角形、半菱形、半圆形、整圆形的观光电梯异彩纷呈，让身处其中的乘客视线开阔，心情愉悦。不过，电梯的耗电量也不容忽视。据统计，在宾馆、写字楼等场所，电梯用电量占总用电量的17%～25%，仅次于空调用电量，高于照明、供水等的用电量。所以，提倡少乘电梯多走路，也是节能减排的有效方法之一。

系统虽小，生态俱全

“太可爱了，在哪里买的？”课间，樊可和许心妍围着杨老师的办公桌，仔细观察一个小小的玻璃球。

只见这个直径不到20厘米的玻璃球里面，真是什么宝贝都有，各种小巧的植物：苔藓、网纹草、冷水花、金丝雀、常春藤……瓶底铺着绿色的干草和蓝色的细沙，搭配着几颗光滑的鹅卵石，还有一个呆萌的“龙猫”躲在绿叶丛中舔手指……这些物件错落有致地摆在一起，相映成趣，可爱极了。

“这是真的假的？”樊可伸手摸了摸，“还真是叶子啊？”

“除了龙猫，其他都是真的。”杨老师笑了，“这个叫生态景观瓶，可以摆在桌上做装饰品，网上有卖的。”

“这么小一个球，还‘生态瓶’？”许心妍惊讶地问。

“你别看它小，这里面可什么都有呢，你看，生产者、消费者、分解者，还有空气，如果我再给植物洒点水，它们不就能活得很好嘛。”杨老师说着，还真拿起小喷壶洒了一些水，植物顿时显得更有精神了。

“那最小的生态系统能有多小呢？”许心妍不解地问。

“我感觉不会比这个玻璃球更小了吧？”樊可底气不足。

“还真能比这个更小。如果我们放眼地球，整个生物圈就是个巨大的生态系统；在生物圈中，一片森林可以构成森林生态系统，一个池塘和里面的鱼虾、植物、微生物又可以构成一个池塘系统……如果再把眼界缩小，一根小小的枯木也可以看成一个微型的生态系统。”

“啊？枯木不就是孤零零的一根废木头吗？”同学们都不相信。

“枯木上也会有分解木质的真菌和细菌，还有以它们为食的微小的掠食者。虽然这些生物我们肉眼看不到，但不代表它们不存在啊。”在一旁“窃听”的余老师插话了。

“余老师说得对，即便是个不起眼的小东西，都可能成为一个生态系统，因为这上面承载着各种我们看不到的小生命。生态系统是开放的，时刻与外界进行物质和能量的交换。我们选择的眼界不同，所看到的生态系统也不同。”杨老师补充道。

“哦，原来如此。”樊可点点头，“以前人们常说‘麻雀虽小五脏俱全’，看来，这是‘系统虽小，生态俱全’啊。相比之下，我们这个小生态瓶已经是很大的一个生态系统了呢。”

“怪不得，前不久我听了一首经典的英文歌，《Colors of the Wind》，其中有一句歌词：‘But I know every rock and tree and creature，has a life, has a spirit, has a name’。我当时还奇怪，rock 是岩石的意思，它既不是动物也不是植物，怎么会有 life（生命）呢？照这么看来，岩石也可以成为一个生态系统呢。”许心妍笑着说。

“是的，岩石本身没有生命，但岩石上还有很多细菌和微生物，还有可能孕育出植物。我们不是常看到有些小草就是从石缝里长出来的嘛，还有些树木的种子落进石头缝里，也能生根发芽，长成参天大树。”杨老师肯定了樊可的观点。

“《Colors of the Wind》，这是迪士尼动画片《风中奇缘》的主题曲啊，说起来，这歌比你的年龄都大好几岁呢，你居然会听这么老的歌。”余老师和周老师都笑了。

“嘿嘿，我妈怀旧，前不久带着我看了这部电影，才知道了这首歌……”许心妍解释道。

“能从音乐中学到环保知识，也是一个非常有意义的收获啊。”余老师赞许地点点头。

樊可深有同感：“是啊，隔壁班的潘乐前段时间推荐我们听《森林狂想曲》，从乐曲里能听到上百种大自然的声音，太美妙了！”

“《森林狂想曲》是纯音乐，而《Colors of the Wind》有歌词，而且写得特别动人，我还记得有一句：‘How high does the sycamore grow？If you cut it down，then you'll never know’。”杨老师说着说着，居然直接唱出来了，引得旁边的老师和同学一起鼓掌。

“你们杨老师有才，英文歌都会唱，还唱得这么好，我听都听不懂……”余老师笑着自嘲。

“这句歌词是说：‘一棵树能长多高，如果你把它砍掉，你就永远不会知道。’”许心妍当起了翻译。

“嗯，还真挺有哲理。”余老师连连点头。

“这首歌就是呼吁大家保护环境，提倡人与自然和谐相处。虽说是个简单的道理，但实践起来却很难。”

“那我们可以从一点一滴做起啊。我们从生态瓶聊到歌曲，知道了生态系统无处不在，那我们就保护好每一朵花、每一棵树……”樊可依然积极乐观。

“对，我们也可以买几个‘生态瓶’来养着，那我们也算培养了一个生态系统！”

“还要多植树，多养花……”

樊可和许心妍你一言我一语地讨论着，仿佛看到了无数个生态系统在她们眼前构建出一片全新的绿色世界……

知识链接

生态系统是指在自然界的一定的空间内，生物与环境构成的统一整体，在这个统一整体中，生物与环境之间相互影响、相互制约，并在一定时期内处于相对稳定的动态平衡状态。生态系统的组成成分包括：非生物的物质和能量、生产者、消费者、分解者。一个生态系统只需生产者和分解者就可以维持运作，数量众多的消费者在生态系统中起加快能量流动和物质循环的作用，可以看成是一种“催化剂”。

地球长胖了

电视里正在播放广告："某某奶茶，一年卖出10亿多杯，杯子连起来可绕地球三圈！"

"不对吧？我记得前几年的广告说7亿多杯，好像也是绕地球三圈啊。"苏珊提出了疑问。

"哈哈，说明杯子变小了，容量缩水。"弟弟苏亮开玩笑。

"不可能，我记得杯子一直是那么大的。"苏珊争辩道。

妈妈笑了："一句广告而已，较什么真啊。"

"这个值得较真。不是杯子缩水了，而是地球变胖了。"爸爸认真地说。

"哈哈哈，地球变胖，这比杯子缩水更搞笑！"妈妈、苏珊、弟弟笑成一团，再看看爸爸那张严肃的脸，他们笑得更厉害了。

爸爸没说话，起身进了房间，不一会儿又出来了，手里拿着一条大约 1 厘米宽，20 厘米长的纸条，还有一卷透明胶。爸爸把东西放在茶几上，又转身去厨房拿了一根圆筷子。

“这是干什么？”妈妈停止了大笑，奇怪地看着爸爸。

“做实验。”爸爸说着，把纸条贴成一个圆环，在直径的两端各撕开一个小孔，让筷子正好穿过这两个小孔，并用透明胶固定住纸条，防止滑落。

看爸爸这么郑重其事，苏珊和弟弟也不再傻笑了，电视也懒得看，都扭头好奇地看着爸爸。

“你们看，原本这个纸环是圆形的，这根筷子穿过了纸环的直径，也就是说，现在这个东西类似于‘中’字形。”爸爸举起了手中的小玩意儿，让大家都看见。全家人纷纷点头。

接着，爸爸双手快速搓动筷子：“注意看，纸圈形状有什么变化？”

“变成椭圆了！”苏亮抢答。的确，一家人都看见，“中”字的“口”字越来越宽。

“很好。”见家人的观察结果一致，爸爸停止了实验，“其实，这个‘中’字形的设备就像地球，地球每时每刻都在自转，转的时间长了，自然就会变胖，就像刚才这个实验。”

一家人愣住了，半信半疑。

“这也太牵强了——首先，地球自转没有这么快的速度，如果按正常的地球自转速度，它也会变胖吗？您刚才这个实验是无法证明的。其次，就算地球变胖，那也不能说一定就是自转引起的。”苏亮最先反应过来，反驳爸爸。

“问得好，那我也逐个回答你的提问：地球是一个巨大的球体，昼夜不停地自转，一定会变胖。我刚才快速搓动筷子，是为了让你们看得更清楚，如果我们让纸环转慢一些，它的形状同样会有变化，只是不容易发觉。”

说着，爸爸又开始转动筷子，这次速度变慢了一些。过了一会儿，苏珊叫起来：“变了！纸环上这里有个黑点，刚才转的时候，黑点向外挪了一些。”苏珊兴奋地指给弟弟看。

“刚才苏亮还说，地球变胖不一定是因为自转引起的，这个质疑是有道理的。那我们就来查一查，有哪些因素会导致地球变胖。”爸爸说完，拿出 iPad 开始查资料。

原来，地球变胖还真是事实。格陵兰和南极冰架融化，是导致地球中间隆起的原因，因为大量水被吸引到赤道附近。据研究人员说，这两个地区每年总共损失 3820 亿吨冰。这两个大陆上的冰量减少，将导致陆地反弹，使地球变得更圆，这一过程需要几千年才能完成。与此同时，地球中部的隆起速度大约是每 10 年 0.28 英寸（7.11 毫米）。现在地球赤道的半径大约比两极的半径大 13 英里（约 21 千米）。

“那这样下去，地球表面距离地心最远的点会不会不再是珠穆朗玛峰的峰顶了？”苏亮问。

“对，很有可能是一座厄瓜多尔火山的山顶。”爸爸说。

“唉，那我们做不了世界第一了。”苏珊和苏亮都有些闷闷不乐。

“没有了世界第一高峰的名号不要紧，要紧的是，地球的形状正在改变，对我们的环境和气候都会产生影响，这个我们要积极应对才行。”妈妈补充道。

“地球形状变化，是因为冰川融化，冰川融化意味着全球变暖……”

苏珊把原委联系起来想了一遍，开始紧张起来。

“对，所以我们要采取措施，让地球‘保持身材’，不能任由它胖下去了。”

“就跟我一样，不能再胖了。”妈妈开始自嘲了。

“没想到，看个奶茶的广告，还能发现地球长胖的惊天大秘密，一开始还以为是假的呢。”苏珊笑了，然后又很快板起脸，“以后我们还是要注意保护地球，这可不是闹着玩的。”

知识链接

科学家表示：大约2.2万年前，有数英里冰覆盖在北半球的大部分地区。随着冰融化，积冰产生的向下的压力减小，冰下的陆地出现“回弹”，这导致地球变得更圆。质量决定重力，因此地球的形状发生变化会影响质量的分布，从而对它的重力场产生影响。

省点电，电子产品可以“细水长流”

赵百川最近可开心了，因为在他的软磨硬泡之下，爸妈终于给他买了笔记本电脑和手机。

“不过，电脑不用的时候，要记得及时关机。”妈妈看赵百川眉开眼笑的样子，还是忍不住提醒。

“无所谓无所谓……”赵百川正忙着把玩新宝贝呢，根本顾不上好好说话。

“要是忘了关机，万一被我看到什么不该看到的东西……”妈妈似笑非笑地说。

赵百川一激灵：“您，您这是要侵犯我的隐私权！”

“我要真想查还会提醒你？”妈妈一脸嫌弃，“不过，及时关电脑，是个好习惯，能省好多电呢。”

“嗨，你看，不是想查岗就是想省电，您这心也太不敞亮了！开个电脑能浪费多少钱？一开一关的，多麻烦。”赵百川颇有不满。

“谁说不敞亮了？你可别小看电脑，这可是个相当耗电的家伙，不信你现在上网查查看。”老妈开始较真了。

赵百川嘀咕了两句，还是依言打开网页搜索了，不看不知道，一看吓一跳，原来，根据美国一家研究机构的调研，我们每搜索一次，耗能就相当于烧开半壶水。

“也就是说，我刚才就开了这么一个网页，就耗了这么大的能量？”赵百川还是难以置信。

“对啊，你以为呢？我们以前都以为化工、钢铁、制造行业是高能耗的，其实，现在是互联网时代，真正耗电的应该是手机、电脑、iPad之类的电子产品。前几年，我们国家的电子产品，尤其是电脑，耗电量加起来就已经远远超过三峡一年的总发电量，现在肯定耗电更多。”

“干吗非得关机？我待机也可以啊。”赵百川不服气，“待机的时候，电脑只对内存供电，硬盘、屏幕和CPU等部件都停止工作，这样耗电量同样会降低很多。”

妈妈解释说：“在待机状态下，如果后台没有服务型程序运行，那么耗电量可以降至正常工作时的10%左右。但是如果长时间让电脑处于待机状态，还是会消耗不少电量。你就老老实实听话，如果超过2个小时不用电脑，就直接关机。”

“那我不用电脑，我用手机总可以吧？”赵百川说着，赌气似的关了电脑。

妈妈不依不饶：“光关电脑不够，电源也要拔掉，否则还是会有待机电压，再说主板也会耗电……”

“哎呀，好了好了……”赵百川对妈妈无休止的唠叨实在无可奈何，只好乖乖拔了电源，然后又拿起新手机，开始摆弄。

妈妈没说什么，拿出一个书本大小的“电风扇”，递给赵百川，说：“用这个垫着手机吧。”

“这是什么？”赵百川好奇地接过“小电扇”，翻来覆去地看。

“这叫手机散热器，可以给手机降温。”

“手机还需要降温？”赵百川半信半疑。

“对啊，手机用久了，会发烫的，这样不仅会影响手机的寿命，而且特别耗电。”

“唉，又是耗电……”赵百川无语了。

“那我不说了，你自己玩吧。”妈妈有些不高兴，但还是默默地走出了房间。

赵百川也没多想，斜倚在床上玩手机游戏。不知玩了多久，手机快没电了，而且，还真的开始“发烧”。

“看来老妈没忽悠我啊。”赵百川自言自语嘀咕了一句，到处找充电器准备充电，忽然瞥见桌上的散热器，犹豫片刻，还是拿起来使用了。

手机耗电这么厉害，有什么办法可以省电呢？赵百川安置好手机，打开网页，开始查起了资料。

原来，下载某些省电 APP，可以有效节电。一部手机按一天半的待机时间算，可节省 0.0049 度电，全国的手机一年就能节省 24008 千度电，减少二氧化碳排放达 23.936 万吨，节省 1.172 亿元人民币……

“妈妈，我错了，您说得对。”赵百川越想越不安，主动走出房间，向妈妈道歉。

“你知道就好，妈妈不怪你。”妈妈摸了摸赵百川的头，“我知道，你不喜欢我唠叨，我原本有些生气，但你现在长大了，如果我还一个劲啰唆、说教，可能你也确实听不进去，所以我就想，既然你懂事了，有些事就要让你自己想明白，这样反而更容易接受。”

“是啊，我现在知道了，电脑和手机确实耗电量特别大，这样就会增加二氧化碳的排放量。我从网上搜到了一些省电的办法，比如调低屏幕亮度、设置简洁的屏保……”赵百川一口气说了六七个省电妙招。

“你看，你一想明白了，就比我更唠叨！”妈妈笑了。

“那好，我懒得说了！”赵百川又要小孩子脾气了。

“我才不嫌你唠叨呢，你以为我像你啊。”老妈也开起了玩笑，“对了，不去玩电脑玩手机了？”

“手机在充电，再说，也要让它休息一下。”赵百川果然懂事许多。

“那好，等充好了电……”

“要及时拔掉电源，这我知道！”赵百川抢答了。

“不错，有觉悟。”妈妈对儿子刮目相看。

知识链接

近年来，由于节能意识的提高和环保的需要，开发和生产节能型的产品已成为家电业重要的任务。根据世界气候变化政府协调组织的估计，到 2020 年，在居民用电方面，节能技术可以减少二氧化碳排放量约为 35%。强制性标准和市场机制的转变，将进一步促进排放量减少 8% 到 13%。目前，大部分电子产品，如计算机、手机等设备的操作系统都已设计了节能功能。除提高生产技术外，用户自身的使用习惯也决定了电子产品是否能节能减排。

家庭用水不浪费

周末，诗诗跟妈妈一起下厨。淘完米之后，妈妈正准备把水倒掉，却被诗诗拦住了："倒菜盆里吧，还可以洗菜呢。"

"洗菜用干净水洗不就行了嘛。"妈妈不以为然。

"您都这么大人了，连节约用水都不懂。"诗诗开始教育妈妈了。

"好好好，听女儿的！"妈妈还算自觉，把淘米水倒进菜盆，诗诗端过去，开始洗蔬菜。

"我跟您说，可别小看这淘米水，它还能清除蔬菜上的残存农药，所以以后的淘米水都别急着倒，要好好利用起来……"诗诗说着，把洗好的蔬菜放在一边，转身进了卫生间。

妈妈哭笑不得："怎么洗菜洗一半又跑去上厕所了？"

过了一会儿，卫生间里连冲水声都没听到，诗诗就出来了。

"你上厕所都不冲的？！"妈妈无语了。

“马上冲！”诗诗端着刚才洗菜的水，再次冲进卫生间。只听“哗啦”一声响，诗诗又端着空空的菜盆出来了。

“这孩子，这是怎么了？”妈妈莫名其妙。

“都跟您说了，节约用水嘛。您看，一盆水，既淘了米，又洗了菜，还冲了厕所，是不是很划算？”诗诗得意地炫耀。

“这个，以前也没见你这么节约啊？”妈妈依然摸不着头脑。

“哎呀，以前不懂事嘛！”诗诗卖了个萌，然后正色道，“我现在知道节约用水有多重要了，您还记得我前段时间跟您说过的新转学过来的北方同学吗？”

妈妈点点头。

“她一个女生，居然能一星期不洗头！我们都看不下去了。一开始，我们都以为她不讲卫生，后来有一次她说我们洗手时水龙头开得太大，太浪费了，我们都觉得她小题大做，然后她急了，说在北方特别缺水，有些严重缺水的地方，小小一桶水就要供全家一天的洗漱……”

“嗯，这倒有可能。北方的缺水程度是南方人想象不到的。”妈妈点点头。

“对啊，我们刚开始都不信，后来地理课上老师给我们看了一段视频，我们才相信。”诗诗说着，拿出 iPad，点开一个视频给妈妈看。

视频记录的是中国最缺水的村庄：几个村民拿着铁桶放在室外，等着接雨水过日子，其中一位大叔指着一个小桶给记者看，里面只有几厘米高的水，浑黄浑黄的，这就是前几天接到的“天水”，就连洗衣服都只能用这种水。村民们说，一年都洗不上一次澡，平时洗脸就拿毛巾简单地擦一小圈，要再想擦擦脖子都不行……

看完视频，妈妈长长地叹了口气。

“我们后来都理解了，这不是讲不讲卫生的问题，而是水够不够用的问题。”诗诗进一步解释。

妈妈点点头：“你说得对。我们南方人没缺过水，所以不知道珍惜，用起水来没什么顾及，但是这要在缺水地区，还不知道人家有多心疼。”

“所以啊，现在我特别注意节约用水，其实，只要稍微动点脑筋，节约用水一点都不难。”诗诗开始一一举例，“淘米水我刚才已经说了，还有洗衣水可以留着洗拖把，喝剩下的冷开水可以浇花，洗脸水可以洗抹布，最后再冲厕所……”

“还有洗车的时候，用抹布擦洗比用水龙头冲洗更管用。”妈妈也补充了一句。

“哇，妈妈好棒！”诗诗满脸写着“佩服”二字，“可是，擦车多累啊。”

“为了节约水，累点也没什么。再说，就当锻炼身体啦。”妈妈显得特别豪爽。

“好，下次我帮您擦车！”诗诗也干劲十足。

“你还是先帮我做饭吧。”妈妈瞪了一眼，诗诗嬉皮笑脸地答应了，开始麻利地切菜。

“对了，你跟你那位北方同学说，南方和北方环境不一样，这边比较湿热，还是要多洗澡的。只要淋浴的时候把水关小一点就好，而且，用沐浴露的时候，记得关水，每次就能节约 60 千克的水。”

“60 千克？比我人还重！”诗诗惊叫起来。

“是啊，这是我从杂志上看来的，我可没乱说。”妈妈一本正经。

“嗯嗯，我相信老妈，老妈什么都懂！”诗诗又开始拍马屁了。

“妈妈虽然懂，但不如你做得好，今后，妈妈还要向你学习呢。”

知识链接

在中国西北黄土高原省、区的部分地区，由于自然和历史的原因，极度缺水。有的地方降雨量只有300—400毫米左右，而蒸发量却高达1500-2000毫米。按可利用水资源统计，人均可利用水资源占有量只有110立方米，是全国可利用水资源占有量720立方米的15.3%，是世界人均可利用水资源占有量2970立方米的3.7%。那里的人、畜用水几乎全靠人工蓄积的有限的雨水。人们在地下修建的蓄积雨水的容器，被称为水窖。因无足够的资金对这种水窖的内部进行混凝土硬化，因此进入水窖的水会很快就会出现渗漏。严重缺水的恶劣状况，导致当地农民生活艰难、生产原始、教育落后、妇女的疾病率和新生儿死亡率居高不下、妇女们承担着数倍于正常环境下妇女肩负的生活重任。

宠物也要加入“环保大军”

方文君家里最近领养了一只小萨摩耶，她和爸爸都乐不可支，可妈妈却愁眉苦脸：“光养你就够累了，还养狗，管它吃管它喝，还得管它大小便，你们只知道玩，以后打扫收拾还不都是折腾我！”

“妈，您别这样嘛，养宠物的都是有爱心的，再说，您看它多可爱。”说着，方文君举起狗狗的前爪，向妈妈挥挥手。妈妈没好气地哼了一声。

“不过，你妈妈说得有道理，养宠物不能让它随意吃喝拉撒，这样太污染环境。我们给它买个宠物粪铲吧。”

“就是给狗狗处理大便用的工具吗？”

“对，要不然我们出去遛狗，狗狗到处留下‘纪念品’，多不好。”

“嗯，我也经常看到马路边有狗狗的排泄物，有一次我还不小心踩到了，确实恶心。”方文君一想，顿时觉得养狗也不是那么美好。

“既然养了，就要对宠物负责，更要对环境负责。”爸爸压低嗓门，又说了一句，“还要对你妈负责，我们自觉点，别惹她生气。”

方文君扑哧一声笑了，点点头。

“你俩别嘀咕了，还真以为我听不见啊。”妈妈回过头来说，“我也不完全是怕脏怕累，只是养宠物还真要讲究方法，要知道，一条宠物狗的‘碳足迹’比一辆汽车还高。”

“不至于吧？”爸爸和文君都吃了一惊。

“你们看！”妈妈从网上搜出相关信息，指给父女俩看。

原来，根据新西兰维多利亚大学建筑学教授布伦达·瓦特和罗伯特·瓦特的结论，一条体型中等的宠物狗一年的碳排放量是一辆排量4.6升的丰田陆地巡洋舰行驶1万公里碳排放量的两倍。

“这是怎么算出来的？有科学依据吗？”方文君难以信服。

“这与以往测算二氧化碳排放总量的方式不同，两位教授是通过计算为宠物提供足够食物所需土地面积来计算‘生态足迹’的。”爸爸看懂了，然后慢慢解释给文君听，“动物是否‘环保’取决于体型大小、食物消耗量和它们对人类的贡献。一条体重30公斤的大狗不如一条7.5公斤重的小狗‘环保’。照这个逻辑，平均体重5公斤的猫对环境的威胁就更小。一对兔子一年可产36只后代，可向人类提供72千克兔肉，以此抵消饲养者的部分‘碳足迹’。至于鸡和蜜蜂，它们不但体积小，还能向人类提供食物，是更‘环保’的动物。”

“那这么说，萨摩耶并不环保啊……”方文君有些难过，看了一眼身边的小狗，只见它趴在地上，吐着舌头，一副蠢萌蠢萌的样子。

“你很喜欢它，是不是？”爸爸轻声问。

方文君点点头："我不想把它送走……"

"不会送走的，傻孩子，都已经领回家了，再送走，那小狗岂不是更可怜，我们好好养它就是了。"妈妈也安慰女儿。

"可是会影响环境……"方文君还是纠结。

妈妈说："养宠物本来就是一件奢侈的事，我们只能注意卫生，让小狗尽可能过得舒适健康，所以我们都要勤快一点。"

爸爸也积极想办法："我们可以教会小狗定点大小便，还可以教它捡垃圾。"

"狗狗还会捡垃圾？"方文君又惊又喜。

"对啊，有些小狗看到路边有矿泉水瓶，就会叼起来，扔进垃圾桶。我以前就看到过这样的小狗。"

"太棒了，狗狗比人还懂事，我们也要教会狗狗捡垃圾！"方文君高兴得手舞足蹈。

知识链接

碳足迹，是指企业机构、活动、产品或个人通过交通运输、食品生产和消费以及各类生产过程等引起的温室气体排放的集合。"碳"，就是石油、煤炭、木材等由碳元素构成的自然资源。"碳"耗用得越多，导致地球暖化的元凶"二氧化碳"也制造得越多，"碳足迹"就越大；反之，"碳足迹"就越小。"碳足迹"描述了一个人的能源意识和行为对自然界产生的影响，号召人们从自我做起。目前，已有部分企业开始践行减少碳足迹的环保理念。

有和平，才有环保

课间，几名男生围在一起看一本军事杂志。周老师走进教室时，只听他们正聊得热火朝天。

“我觉得，中国和某某国之间必有一战！”何立笃定地说。

“那当然，不管是为了争夺领土还是巩固国际地位，都会打一仗。”张一奇也赞同。

“不仅会打，我们还一定能打赢，你看，就军事实力而言，我们已经……”陆鑫一边说，一边翻杂志，准备“引经据典”。

“你们都这么喜欢打仗吗？”周老师走上前去问。

“那当然，乱世出英雄啊。”张一奇不假思索地说。

“就是，再说我们现在要打也能打赢！”何立和陆鑫都附和。

周老师神情严肃：“那你们有没有想过战争的后果？”

“后果就是打赢了呗。”何立心想，这算是什么问题。

“就算打赢了，那要消耗多少资源？要死伤多少老百姓？要花多少年才能重建家园？”周老师有些激动。

“这……”男生们一时不知如何回答，再看周老师面色铁青，都默不作声了。

周老师平复了一下心情，缓缓地说：“可能你们是男生，又正值青春期，再受电影、小说的影响，都会有些喜欢打仗，喜欢做英雄。可是，真实的战争，远不是你们想象得那么痛快那么浪漫，尤其是现代战争，留下的罪恶可能会影响世世代代，几百年都拯救不了……”

“几百年？这么夸张，就算会死很多人，那一代一代再生孩子不就行了……”张一奇依旧不以为然。

“首先，生孩子养孩子不是简单的事，何况经历战争的重创，身心受到伤害，会直接影响生育的数量和质量。”周老师严肃地说，“其次，你们也看了军事杂志，现代战争比拼的是资源和科技，这你们应该都知道一些吧。”

“对，石油就是重要的战略资源，也是进行战争所需要的能源之一！”陆鑫活学活用。

“很好，说起石油，你们都知道海湾战争吧？”周老师提问。

“知道。”大家都点头。

“世界上最大的原油泄漏事件，就发生在1991年海湾战争中。虽然战争双方伤亡人数并不多，但消耗的物资却是惊人的，整整毁掉了5000多万吨石油。”

“这我知道，我记得战争期间，约有700余口油井起火，每小时喷出1900吨二氧化硫等污染物质，并飘到数千公里外的喜马拉雅山南坡、克什米尔河谷一带。整个海湾地区、地中海以及伊朗部分地区都下起了黑乎乎的‘石油雨’。”陆鑫的记忆力还真不差。

“除了你说的这些，流进海洋的石油造成的破坏才更吓人。科威特的油田到处起火，海面上到处都是黑色的油膜……”

“那海里的鱼啊虾啊，不都没法活了？”何立这才意识到问题的严重性。

周老师沉重地说：“是啊，海底生物都窒息而死，就连海鸟也因沾染上石油，死的死残的残，整个海洋生态系统都失衡了。”

“那如果人喝了这些水……”张一奇都不敢说下去了。

“这水还能喝？你不要命啦！这次原油泄漏，导致整个沙特阿拉伯面临淡水供应困难。”周老师进一步说出了战争的恶果。

“水都没了，那就真没法活了，这比刀枪杀人还可怕！”张一奇着实捏了一把冷汗。

“石油还只是战争的一方面，在战争中，武器的杀伤力也非常之大，日本广岛的原子弹事件你们也知道吧？”

“您是说第二次世界大战中，美国对日本投下的原子弹？”张一奇问。

“对。虽然中国人民都痛恨日本侵略者，但不得不承认，成千上万善良无辜的日本人民都饱受原子弹之苦。直到现在，广岛依然还有原子弹爆炸时残留的放射性物质，时刻有可能危害人类健康。”

“老师，我记得我看过一个纪录片，就是讲广岛的。那个纪录片是前几年拍的，当时大约还有 80000 名 1945 年 8 月 6 日当天生活在广岛的人在世。虽然他们幸存了下来，但这后半生都过得生不如死：他们不仅要克服核辐射带来的身体伤害，而且要抚平心灵的巨大创口。在战后，他们一直被社会所排斥，还被隔离开来，生怕传染其他人。”陆鑫也提供了一条有价值的信息，让人为之动容。

“几十年前的原子弹尚且如此，现在的生化武器，人类有多大能力承受得起？”张一奇开始反思了，其他两位同学都说不出话来。

“所以，你们还要轻易说开战吗？”周老师反问，大家都低下了头。

“老师，我知道错了，战争的后果太严重，我们还是要和平，好好活着。”

“对，战争会把地球毁了，只有和平才能保护地球，真正的英雄就应该拯救，而不是破坏。”

“其实，我们不是真的希望发生战争……”

同学们纷纷表态。

“你们能明白就好。”周老师笑了，“维护和平，能保护环境；反过来，保护环境，也是在维护人与自然的和平。”

知识链接

战争带来的不仅是人员的伤亡，还有生态的严重破坏。以海湾战争为例，一次大规模的石油污染事件，导致海湾生态平衡失调了若干年。专家们认为，海湾如果要恢复到污染前的状态，至少需要100年的时间。而广岛原子弹事件不仅是人类社会自身的巨大悲剧，更是人类对自然欠下的高额债务。环境问题顾问马修·瑙德说：“战争并不只从单方面影响人类，环境受损，人的生存也必然受影响。”远离战争，保护生态，是当代国际社会共同的责任。

后记 POSTSCRIPT

一次偶然的机会，我的好友、江西人民出版社编辑陈骥约我编写一本《生态与环保的故事》。我的第一反应是“压力山大”，且不说此一主题知识与素材的庞杂，单是以中学生乐意接受的方式来讲述这个宏大的主题，就足具挑战性。毕竟，现在的中学生大都是“00后”，他们是伴随互联网的发展成长起来的一代，知识面较广，也更加追求个性和独立，传统生硬的说教方式已很难让他们心悦诚服。同时，他们对世界又充满好奇，比如我们的环境究竟恶化到什么地步，有哪些有趣又有效的方法可以节能，我们可以养成哪些环保好习惯，现在世界各地的生态环境是否有好转，等等。这些问题，只有眼见为实、亲身体验后，才会形成更加直观深刻的印象。

在编写此书的过程中，陈青松、詹晓钟、邓天恺、张旭、童子乐、范海燕等诸位好友，为我搜集了数百份生态与环保方面的材料，包括政策、法律、工业、科技、建筑、旅游，等等，我多次被社会各界参与生态环保事业的决心而感动，也为各国政府和人民的新办法、新创意而惊喜，对于我来说，这本书的写作过程，也是一个难得的学习机会。此外，编写中学生的故事，也让我回忆起我美好的学生时代。因为年龄关系，也许我和现在的“00后”中学生已有“代沟”，但我相信，青春期的热情、友善、好奇、淘气、“玩深沉”，在任何年代，都有异曲同工之妙。

此书的顺利出版，除了要感谢责编陈骥与江西人民出版社对我的信任和鼓励，也要感谢其他各位好友的帮助和支持。由于时间仓促，水平有限，书中难免存在不足之处，欢迎各界朋友批评指正，以便今后修订完善。

敖萌

2016年4月于南昌

图书在版编目（CIP）数据

生态与环保的故事：中学版 / 敖萌著 . — 南昌：江西人民出版社，2016.6（2019.9 重印）

ISBN 978-7-210-08523-2

Ⅰ . ①生… Ⅱ . ①敖… Ⅲ . ①生态环境 - 环境保护 - 青少年读物 Ⅳ . ① X171.1-49

中国版本图书馆 CIP 数据核字（2016）第 120758 号

生态与环保的故事（中学版）

敖萌　著

责任编辑：吴丽红　胡文娟

书籍设计：游　珑

出　　版：江西人民出版社

发　　行：各地新华书店

地　　址：江西省南昌市三经路 47 号附 1 号

编辑部电话：0791-88670587

发行部电话：0791-86898815

邮　　编：330006

网　　址：www.jxpph.com

E-mail：web@jxpph.com

2016 年 6 月第 1 版　2019 年 9 月第 5 次印刷

开　　本：787 毫米 ×1092 毫米　　1/16

印　　张：12.25

字　　数：120 千字

ISBN 978-7-210-08523-2

赣版权登字—01—2016—338

定　　价：28.00 元

承 印 厂：永清县晔盛亚胶印有限公司